Be.

La modélisation 3D en neuroanatomie fonctionnelle

Bernadette Banrezes

La modélisation 3D en neuroanatomie fonctionnelle

Contribution et nouvelles perspectives

Presses Académiques Francophones

Mentions légales / Imprint (applicable pour l'Allemagne seulement / only for Germany)
Information bibliographique publiée par la Deutsche Nationalbibliothek: La Deutsche Nationalbibliothek inscrit cette publication à la Deutsche Nationalbibliografie; des données bibliographiques détaillées sont disponibles sur internet à l'adresse http://dnb.d-nb.de.
Toutes marques et noms de produits mentionnés dans ce livre demeurent sous la protection des marques, des marques déposées et des brevets, et sont des marques ou des marques déposées de leurs détenteurs respectifs. L'utilisation des marques, noms de produits, noms communs, noms commerciaux, descriptions de produits, etc, même sans qu'ils soient mentionnés de façon particulière dans ce livre ne signifie en aucune façon que ces noms peuvent être utilisés sans restriction à l'égard de la législation pour la protection des marques et des marques déposées et pourraient donc être utilisés par quiconque.

Photo de la couverture: www.ingimage.com

Editeur: Presses Académiques Francophones est une marque déposée de Südwestdeutscher Verlag für Hochschulschriften GmbH & Co. KG
Heinrich-Böcking-Str. 6-8, 66121 Sarrebruck, Allemagne
Téléphone +49 681 37 20 271-1, Fax +49 681 37 20 271-0
Email: info@presses-academiques.com

Produit en Allemagne:
Schaltungsdienst Lange o.H.G., Berlin
Books on Demand GmbH, Norderstedt
Reha GmbH, Saarbrücken
Amazon Distribution GmbH, Leipzig
ISBN: 978-3-8381-8967-3

Imprint (only for USA, GB)
Bibliographic information published by the Deutsche Nationalbibliothek: The Deutsche Nationalbibliothek lists this publication in the Deutsche Nationalbibliografie; detailed bibliographic data are available in the Internet at http://dnb.d-nb.de.
Any brand names and product names mentioned in this book are subject to trademark, brand or patent protection and are trademarks or registered trademarks of their respective holders. The use of brand names, product names, common names, trade names, product descriptions etc. even without a particular marking in this works is in no way to be construed to mean that such names may be regarded as unrestricted in respect of trademark and brand protection legislation and could thus be used by anyone.

Cover image: www.ingimage.com

Publisher: Presses Académiques Francophones is an imprint of the publishing house Südwestdeutscher Verlag für Hochschulschriften GmbH & Co. KG
Heinrich-Böcking-Str. 6-8, 66121 Saarbrücken, Germany
Phone +49 681 37 20 271-1, Fax +49 681 37 20 271-0
Email: info@presses-academiques.com

Printed in the U.S.A.
Printed in the U.K. by (see last page)
ISBN: 978-3-8381-8967-3

TABLE DES MATIERES

1

2

PRINCIPALES ABRÉVIATIONS

2D : bidimensionnel

3D : tridimensionnel

ARR : aire rétrorubrale

ATV : aire tegmentale ventrale

CGD : commissure grise dorsale

GPM : ganglion pelvien majeur

HRP : horseradish peroxidase (peroxidase du raifort)

IML : colonne intermédiolatérale

IRM : imagerie par résonance magnétique

NPS : noyau parasympathique sacré

PRV : pseudorabies virus (virus de la pseudo-rage)

SNc : substance noire compacte

SNr : substance noire réticulée

TEP : tomographie par émission de positons

TH : tyrosine hydroxylase

WGA-HRP : wheat germ agglutinin-horseradish peroxidase (agglutinine de germe de blé couplée à la peroxidase du raifort)

PRÉAMBULE

En biologie, avant l'avènement récent des technologies permettant une exploration directe en 3 dimensions, la représentation du vivant a été assurée par des techniques bidimensionnelles (2D). De l'invention du microscope par les frères Janssen, vers 1590, jusqu'aux années 1980, les recherches technologiques ont été essentiellement consacrées à l'amélioration de la résolution spatiale des outils d'observation et de la spécificité des traceurs utilisés pour révéler structures et fonctions. La perception d'une organisation tridimensionnelle (3D) ne pouvait résulter que d'une représentation mentale intégrant l'ensemble des informations extraites de séries d'images planes. Cet exercice n'est cependant possible que lorsque l'organisation étudiée ne comprend qu'un petit nombre de structures simples. Dès lors que sa complexité augmente, il devient nécessaire de recourir à de véritables représentations 3D.

Il existe à l'heure actuelle des méthodes directes aussi bien qu'indirectes pour visualiser un objet biologique en 3 dimensions. Un certain nombre d'applications non invasives permettent une vision volumique directe. Ces techniques tomographiques (du grec tomos : morceau coupé) recouvrent un ensemble de méthodologies (tomodensitométrie, tomographie par émission de positons (TEP), imagerie par résonance magnétique (IRM) nucléaire ou par ultrasons) permettant d'obtenir les images de sections virtuelles pratiquées à des profondeurs voulues au travers d'un organe. Leurs principes physiques avaient quelquefois été mis en évidence depuis longtemps, mais elles ont connu un développement considérable avec l'avènement de l'informatique. Cependant, ces techniques souffrent de limitations pratiques liées aux traceurs qu'elles permettent de révéler, aux tissus auxquels elles s'appliquent et à leur faible résolution temporelle et spatiale. Ces limites ne constituent pas véritablement des obstacles pour leur utilisation en médecine. Néanmoins, elles souffrent quelquefois également de limites théoriques qui, combinées aux limites pratiques, les rendent problématiques pour l'exploration anatomique et fonctionnelle du petit animal de laboratoire.

En imagerie biologique, la microscopie confocale est la principale technique combinant une vision 3D des structures étudiées à une résolution spatiale comparable aux techniques classiques de cytologie. Son champ d'application est néanmoins limité par la nécessité d'utiliser des traceurs fluorescents et par la taille (environ 500 µm) de l'objet biologique étudié.

Si bien qu'en biologie, le seul moyen de générer des représentations spatiales d'organisations complexes est de procéder de manière indirecte, en reconstruisant des modèles 3D à partir de successions d'images planes. Son principal intérêt, par rapport aux techniques mentionnées ci-dessus, est que, dans la mesure où son point de départ est une collection d'images 2D sériées, elle est indépendante du traceur utilisé pour révéler les régions d'intérêt et de la technologie de production des images. Sa mise en œuvre passe par trois étapes principales. La première est la numérisation des données, c'est-à-dire l'acquisition des images des coupes sériées sous la forme d'autant de fichiers informatiques. A ce stade, tous les pixels d'une image donnée sont affectés de coordonnées dans un espace à trois dimensions représentant leur position dans le plan de l'image (x, y) et la profondeur z à laquelle se situe cette image dans la pile des coupes sériées. La deuxième étape est le détourage (segmentation) des régions d'intérêt révélées par le ou les traceurs. La dernière étape, dite de recalage, consiste à mettre en correspondance les images les une par rapport aux autres. Le modèle 3D est ensuite généré par l'empilement des segmentations ainsi recalées. La visualisation du modèle 3D se fait toujours sur un support plan, que ce soit une impression papier ou l'affichage sur l'écran de l'ordinateur. En ce sens, sa représentation est toujours 2D. Mais dans la mesure où celle-ci résulte de la projection sur un plan de points ayant des coordonnées dans les 3 directions de l'espace, n'importe quel point de vue peut-

6

être dynamiquement adopté pour afficher le modèle 3D. Ce qui permet de visualiser non seulement par exemple, une vue sagittale d'une structure qui a été échantillonnée en coupes coronales mais également de la visualiser sous des angles non conventionnels. Cette approche par modélisation 3D permet donc de révéler toute la complexité de l'organisation d'une structure d'intérêt.

Notre premier champ d'application a été les ganglions de la base du cerveau de rat. Dans ce premier travail, nous avons eu recours à la modélisation 3D pour prolonger l'étude de l'organisation anatomo-fonctionnelle des relations entre le striatum et la substance noire, deux structures sous-corticales des ganglions de la base. Une approche par traçage de voies nerveuses s'appuyant sur des techniques classiques de neuroanatomie, avait précédemment permis de produire des séries d'images représentant, à travers l'extension rostro-caudale de la substance noire, la distribution des territoires de projection des neurones striataux et celle des corps cellulaires des neurones nigraux innervant le striatum. La représentation en perspective cavalière de ces séries d'images avait permis l'élaboration d'un schéma de principe des différents territoires des projections striatales dans la substance noire. Cependant, elle s'avérait totalement insuffisante pour l'intégration des centaines de neurones nigro-striataux. Grâce à un logiciel de reconstruction 3D développé spécifiquement au laboratoire, nous avons pu révéler cette organisation. Ceci fait l'objet du premier article de ce mémoire. En particulier, nous avons suggéré un schéma de principe pour l'interconnexion des différents territoires fonctionnels dans le striatum et la substance noire. Nous verrons dans la discussion de ce premier article qu'outre ses propriétés descriptives, la modélisation 3D a des vertus prédictives, puisqu'elle ouvre de nouveaux questionnements par la mise en évidence d'organisations inattendues.

Dans un deuxième travail, nous avons cartographié spatialement de manière aussi précise et complète que possible tous les neurones dopaminergiques du mésencéphale, dont font partie les neurones de la partie compacte de la substance noire. Cela a été effectué dans le but de disposer d'un "référentiel" 3D de ces neurones pour pouvoir évaluer, parmi la population totale des neurones dopaminergiques, la proportion et la localisation des neurones marqués dans nos expériences précédentes. Nous avons profité d'une étude (qui fait l'objet du deuxième article) de l'effet de l'hypotrophie intrautérine sur le nombre et la distribution des neurones dopaminergiques du mésencéphale pour effectuer ce travail. En comparant les modèles 3D des expériences précédentes à ceux de l'ensemble des neurones dopaminergiques, nous confortons la validité du schéma de principe élaboré dans notre première étude. Nous verrons dans la discussion de ce deuxième article que si la reconstruction 3D permet de mieux percevoir l'organisation spatiale de structures complexes, elle rend plus difficile la comparaison de deux distributions, dans la mesure où elle intègre une dimension supplémentaire par rapport aux images planes. Ainsi, il apparaît difficile, voire impossible, d'évaluer mentalement le taux de recouvrement de territoires et de population de cellules de plusieurs modèles 3D distincts.

Cette conclusion est une conséquence directe de deux limites majeures actuelles que la reconstruction 3D partage encore avec l'imagerie 2D. La première est que chaque modèle 3D est issu d'une seule expérience. Or le nombre de traceurs qu'il est possible d'utiliser simultanément dans une expérience d'histologie est limité. Il sera ainsi nécessaire, pour des organisations complexes, de procéder en plusieurs étapes, chacune ne révélant qu'une partie de la structure étudiée. La première limite de la reconstruction 3D est donc l'incomplétude. La seconde est que chaque expérience, et donc chaque modèle 3D, ne représente qu'un seul animal. Ils ne peuvent donc rendre compte ni de la variabilité expérimentale ni de la variabilité inter-individuelle. La seconde limite est donc l'absence de représentativité. Comme nous le mentionnons plus haut, ces deux limites sont partagées par l'imagerie 2D. Cependant, alors que dans le domaine 2D ces limites paraissent infranchissables, il n'en va pas de même dans le domaine 3D. Le moyen de les pallier consiste à fusionner des modèles 3D

8

partiels et individuels pour générer des modèles complets et représentatifs. La fusion de modèles 3D nous aurait notamment permis, dans notre travail sur les ganglions de la base, d'approfondir significativement notre réflexion sur les relations anatomiques au sein de la boucle nigro-striatale. C'est pourquoi la conception d'un algorithme de fusion de modèles 3D a été entreprise par le groupe de biomathématiques du laboratoire. Cet algorithme s'appuie sur la présence, dans la structure étudiée, d'un élément constant qui sera retrouvé dans chaque expérience (et donc dans chaque modèle) et qui sera pris comme référentiel.

Nous avons cherché une situation expérimentale pour vérifier et tester la pertinence de cet algorithme. Nous l'avons trouvée dans l'étude de l'organisation 3D du noyau parasympathique sacré (NPS), situé dans la partie lombo-sacrée de la moelle épinière, laquelle constitue un référentiel anatomiquement simple, puisque quasiment tubulaire. Dans ce noyau, sont localisés les neurones moteurs qui innervent les différents organes pelviens. Nous avons émis l'hypothèse que la coordination entre ces différentes populations de neurones s'exerçait au travers d'une organisation anatomo-fonctionnelle particulière au sein du NPS. Pour étudier cette organisation, nous avons effectué des injections de traceurs rétrogrades transsynaptiques dans deux viscères pelviens, le pénis et la vessie. Puis nous avons modélisé l'organisation spatiale de ces neurones. Nous montrons dans le troisième article que, conformément à notre hypothèse de travail, les deux sous-populations de neurones moteurs du NPS innervant la vessie et le pénis sont ségrégées. La fusion des modèles 3D reconstruits à partir de plusieurs expériences similaires nous a permis d'évaluer le degré de recouvrement des sous-populations marquées, ce qui n'avait pas été possible dans nos reconstructions des ganglions de la base.

Dans la discussion générale de notre travail, nous dresserons un bilan des différentes études que nous avons entreprises. Nous montrerons les limites actuelles de notre technologie et les développements à mener à bien pour les résoudre. Enfin nous

9

essaierons de mettre en perspective la contribution de la modélisation 3D aux études de neuroanatomie fonctionnelle, et plus largement à l'exploration du vivant.

INTRODUCTION

I.   Modélisation 3D en neuroanatomie

La représentation 3D d'un objet en est une description dont tous les éléments sont affectés de coordonnées dans les 3 dimensions de l'espace, et qui est conservée sous forme de fichier informatique. La représentation d'un objet peut être directement acquise sous la forme 3D ou bien être reconstruite en 3 dimensions à partir d'un empilement d'images saisies au travers de l'objet. Les techniques tomographiques appartiennent à la première catégorie, la reconstruction 3D à la seconde.

1. Acquisition directe d'images 3D : techniques tomographiques

Ces techniques essentiellement non invasives (tomodensitométrie, TEP et IRM nucléaire) permettent de parcourir le volume d'un objet en enregistrant la valeur d'un signal (opacité aux rayons X, photons, moment magnétique). Ces techniques permettent d'obtenir ainsi les images de coupes virtuelles pratiquées au travers d'une structure. Ces images numériques sont conservées en machine sous forme de tableaux dont chaque cellule (appelée pixel, contraction phonétique de l'anglais « picture element ») est affectée d'une valeur numérique qui représente une quantité physique. La résolution du système d'acquisition, qui dépend de la nature du signal et de la sensibilité des détecteurs, est comparable dans les trois dimensions de l'espace, si bien que le traitement des données permet de générer directement des représentations volumiques dont l'élément individuel est appelé voxel. Il est ensuite possible de calculer des images passant par un plan de coupe virtuel quelconque au travers de l'objet étudié. Ces techniques tomographiques, qui ont connu un essor important dans les 20 dernières années, notamment pour l'exploration du cerveau, sont utilisées principalement en imagerie médicale à des fins anatomiques (tomodensitométrie, IRM) et fonctionnelles (TEP, IRM fonctionnelle).

La tomodensitométrie (tomographie assistée par ordinateur ou scanner X) permet d'obtenir des séries d'images radiographiques (avec un pas de l'ordre de 30 μm et une résolution dans le plan de l'image d'environ 5μm). Cette technique, dérivée de la radiographie, ne permet de visualiser que les tissus opaques aux rayons X (os, tumeurs..). Elle est donc peu adaptée aux études neuroanatomiques.

La TEP est une technique d'imagerie nucléaire qui permet la localisation et la quantification de molécules marquées par des radioisotopes émetteurs des positons. L'annihilation d'un positon par rencontre avec un électron produit 2 photons émis dans deux directions opposées, que l'on identifie par des couronnes de détecteurs placés autour de l'organisme examiné, et qui sont constitués de paires de cristaux scintillateurs couplés à des photomultiplicateurs. Une première limite de cette technique est la demi-vie des émetteurs de positons (Carbone 11 : 20 min ; Fluor 18 : 110 min) qui impose que le lieu d'utilisation des molécules marquées soit situé à proximité du cyclotron qui permet de produire les radioisotopes. Une seconde limite est la résolution spatiale. Le trajet moyen parcouru par un positon avant son annihilation est de 1,8 mm. La molécule marquée est donc située quelque part à l'intérieur d'une sphère de 1,8 mm de rayon, centrée sur le point d'annihilation. Les voxels d'une image TEP ont donc une taille minimum, prévue par la théorie, de 5,8 mm^3. Ceci constitue un sérieux handicap pour l'utilisation de la TEP dans la neuroanatomie du petit animal de laboratoire (rat, souris). Une telle image est présentée sur la figure 1.

Stimulation des vibrisses du côté droit   Réponse cérébrale à la stimulation

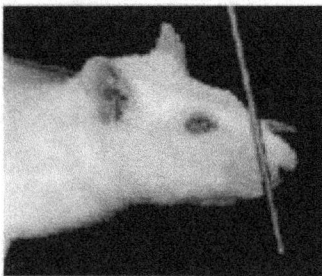

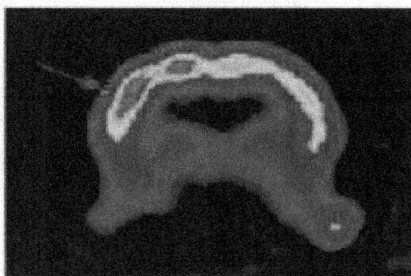

Figure 1 : Etude par microTEP de la réponse cérébrale à la stimulation des vibrisses chez le rat (D'après Phelps, 2000). Les vibrisses du côté droit de la face ont été stimulées mécaniquement (image de gauche) après injection en intraveineuse de 2-[F-18]-Fluoro-2-deoxy-D-glucose. L'image de droite montre une augmentation de la réponse métabolique (flèche) dans les aires du cortex ipsilatéral recevant des afférences sensorielles des vibrisses.

L'IRM nucléaire est une technique qui fournit des images anatomiques ou fonctionnelles, sans recours à des radiations ionisantes ou à l'injection de traceurs radioactifs. L'organisme étudié est placé dans un champ magnétique qui réoriente les moments magnétiques de ses molécules d'hydrogène. Un second champ, orthogonal au premier, appliqué pendant un temps très court (impulsion), induit un moment de torsion sur les molécules d'hydrogène dont le moment magnétique acquiert alors une deuxième composante, orthogonale à la première. La relaxation du système a deux constantes de temps (T1 et T2) dont la première caractérise la vitesse de retour à l'orientation initiale du moment magnétique et la seconde la vitesse de disparition de la composante transverse. Ces deux phénomènes étant en partie dépendants de mécanismes différents, T2 est beaucoup plus court que T1. Leur rapport varie selon les tissus. Cette propriété est mise à profit pour obtenir des images (1) en densité de protons ou (2) pondérées en T1 ou T2. Le choix du mode dépend de ce que l'on cherche à visualiser. L'IRM anatomique (pondérée en T1) a une résolution de l'ordre du millimètre cube et un bon contraste entre les différents tissus. La figure 2A présente une telle image. L'ensemble du volume cérébral a été acquis en 6 minutes avec un aimant de 1,5 Tesla. L'IRM fonctionnelle (pondérée en T2) est fondée sur l'observation en temps réel des variations d'oxygénation sanguine locale. Grâce à un système d'acquisition appelé écho-planaire, elle fournit en environ 6 secondes 40 images de cerveau d'une épaisseur de 3,5 mm chacune (figure 2B), générant ainsi des voxels de 43 mm^3. Cette technique a permis les premières représentations macroscopiques des fonctions mentales chez l'homme. Chez le petit animal de laboratoire, son utilisation est plus difficile car l'augmentation de résolution nécessitée par la taille des organismes étudiés requiert notamment des aimants beaucoup plus puissants que chez l'homme (jusqu'à 9 Teslas contre 1,5 Tesla) avec une diminution corrélative de la surface de champ utilisable.

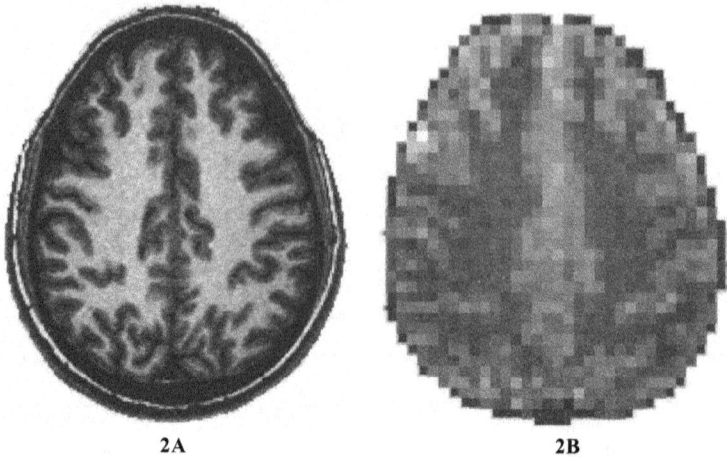

2A   2B

Figure 2 : Imagerie par résonance magnétique nucléaire, pondérée en T1 (2A), pondérée en T2 (2B) (D'après Mazoyer, 2001). 2A : Ce type d'examen permet d'obtenir des images en coupe de cerveau dont la précision spatiale est excellente (ici, moins de 1 mm), ce qui permet un repérage anatomique très précis. Noter également l'excellent contraste entre les 3 tissus cérébraux, matière grise, matière blanche et liquide céphalo-rachidien (en noir). 2B : Cette image en coupe de cerveau a été acquise en 166 millièmes de seconde et montre un contraste entre la substance blanche, d'une part (en foncé), et la matière grise et le liquide céphalo-rachidien (plus clair), d'autre part. Chaque élément a une taille de 3,5 x 3,5 mm^2, ce qui donne à l'image un aspect de damier.

En résumé, la tomodensitométrie ainsi que les imageries TEP et IRM ont une résolution spatiale qui les rend compatibles avec l'imagerie médicale mais difficilement utilisables en imagerie biologique, du fait de la petite taille des organismes étudiés (primates exceptés).

14

La microscopie confocale, technique tomographique désormais courante en biologie, ne souffre pas de cet inconvénient. Elle permet la visualisation de traceurs fluorescents, et élimine la diffusion qui contamine les images de microscopie d'épifluorescence classique par la sélection au moyen de deux diaphragmes (pinholes) de la fluorescence émise uniquement au plan focal. Les images résultantes sont d'une très grande netteté. Le balayage par le faisceau laser d'une série de plans (espacés de moins d'un micron) fournit une série d'images dont l'empilement est une représentation volumique de l'échantillon étudié. Dans les premières versions des microscopes confocaux, un rayon laser mono-photonique à haute énergie était utilisé pour visualiser les fluorochromes dans l'échantillon, dont les cellules ne survivaient pas. Récemment, un système à deux photons de moindre énergie (donc moins destructeur) a été mis au point, qui permet l'observation de cellules vivantes. L'épaisseur de l'échantillon observable va de 150 µm (monophoton) à 500 µm (multiphoton). La résolution spatiale est de 0,15 µm dans le plan et d'environ 0,5 µm selon l'axe des z. Ces dimensions destinent la microscopie confocale à une utilisation cellulaire, d'autant qu'il est matériellement difficile d'utiliser des platines motorisées, qui autoriseraient de larges champs d'observation.

En conclusion, les techniques tomographiques permettent soit de couvrir de larges champs, mais dans ce cas, leur résolution est faible en regard des nécessités des études biologiques, soit d'atteindre une résolution spatiale importante, mais alors les champs couverts n'autorisent que les études cytologiques. Aucune d'entre elles ne permet une approche histologique à une résolution supérieure au millimètre.

2. Visualisation indirecte d'un objet 3D : reconstruction 3D

Seule la reconstruction 3D permet d'aborder l'organisation spatiale de structures histologiques à une résolution cellulaire. Cette méthode consiste à identifier, sur les images d'une série de coupes histologiques pratiquées à travers une structure, les objets dont on désire représenter l'agencement, puis à aligner ces images de telle sorte qu'elles aient la même orientation, puis enfin à représenter l'objet 3D en empilant la série de segmentations des objets pertinents. Il y a là trois différences essentielles avec les techniques tomographiques décrites ci-dessus :

- La première est que le matériel de départ de la reconstruction 3D est une série d'images de l'objet et non l'objet lui-même. Elle est donc à la fois indépendante des traceurs utilisés pour révéler les éléments d'intérêt et des systèmes d'acquisition d'images. Son champ d'application est par conséquent beaucoup plus vaste que celui des techniques tomographiques : toute structure qui peut être échantillonnée par des coupes sériées (réelles ou virtuelles) peut être reconstruite en 3D.

- La deuxième est que la résolution spatiale dans le plan des coupes est souvent bien meilleure que selon l'axe de coupe. En effet, en microscopie optique, la résolution est classiquement de l'ordre du micron. L'échantillonnage d'une structure par des coupes sériées peut difficilement atteindre un tel pas. Et même si cela était réalisable, l'échantillonnage d'une structure de 2 mm (donc relativement petite, même dans le cerveau de rat) génèrerait 2000 coupes de 1 µm, et autant d'images occupant plusieurs Gigaoctets ! L'échantillonnage est donc beaucoup moins exhaustif, et généralement, des coupes de 10 µm sont pratiquées, dont seule la moitié est utilisée pour la reconstruction. La résolution spatiale dans l'axe de coupe est donc 20 fois inférieure à celle du plan des coupes. Par conséquent il n'est pas envisageable de produire des voxels, comme c'est le cas des méthodes tomographiques de l'imagerie médicale.

- La troisième est que la modélisation concerne exclusivement les régions segmentées. Ce n'est donc pas une technique exploratoire. Il ne faut pas en attendre par exemple la mise en évidence inopinée d'une relation entre la distribution d'un traceur et son environnement cellulaire. Ce dernier sera absent des représentations, sauf bien sûr s'il a lui-même fait l'objet d'une segmentation. Les protocoles doivent considérer la reconstruction 3D comme le résultat final de l'expérience, et être conçus en conséquence.

16

3. Principe de la reconstruction 3D

La reconstruction 3D à partir de coupes histologiques 2D passe par trois étapes principales : la numérisation (saisie) des images, c'est-à-dire la constitution d'un volume de données, le traitement de celles-ci (délimitation de régions d'intérêt, alignement des images) et enfin la production et visualisation de la structure 3D modélisée.

3.1. Saisie des données

Elle se fait à l'aide d'un système d'acquisition, qui se compose en général d'une caméra placée au-dessus d'une table lumineuse, ou bien montée sur un microscope, connectée à un ordinateur (directement ou via une carte de numérisation) sur lequel un logiciel d'acquisition d'images permet le stockage des données sous forme d'un tableau de valeurs de pixels. Les données acquises peuvent être les images elles-mêmes (qui seront ensuite traitées « offline ») ou bien le résultat de traitements qui leur sont appliqués « online » (segmentations, masques…). Nous avons choisi au laboratoire d'utiliser les images, d'abord parce que cette stratégie permet de séparer les opérations d'acquisition et de traitement, et donc d'optimiser l'utilisation de la station d'acquisition, mais surtout parce qu'elle permet un meilleur alignement des données. La deuxième particularité réside dans le recours à une platine motorisée pour acquérir des surfaces importantes à forte résolution. Dans ce cas, les images sont en réalité une mosaïque d'images à haute résolution couvrant chacune un champ de l'objectif choisi, et dont l'assemblage automatique couvre la surface totale désirée.

3.2. Segmentation des images

La segmentation consiste à extraire les informations pertinentes des images en déterminant le sous-ensemble de pixels représentant les régions d'intérêt. Cette étape est primordiale, puisque les modèles 3D ne sont que l'empilement des segmentations définies sur les images 2D. La segmentation peut être conduite selon différentes modalités sur les images numérisées comme sur les images analogiques. Elle peut ainsi être effectuée :

- de manière automatique, par traitement d'image (seuillage, détection de contours). Cette méthodologie est particulièrement adaptée à des structures simples, sur des images bien contrastées et avec un marquage intense,
- de manière semi-automatique, par exemple par contours actifs, en initialisant la recherche aux alentours de la structure étudiée,
- de manière manuelle, en délimitant des polygones autour des structures pertinentes

Dans le travail présenté ici, nous avons opté pour la dernière solution, la seule réellement utilisable sur des images de neuroanatomie, généralement peu contrastées.

3.3. Recalage et empilement

Une fois l'ensemble des images segmentées, le recalage consiste à aligner correctement les images numérisées, de telle sorte que leur empilement ultérieur produise un objet 3D fidèle à l'original. Cette mise en coïncidence s'effectue sur des paires d'images successives par des transformations (translations et rotations) de l'image numérisée (n) par dessus l'image numérisée (n-1). Quand l'ensemble de la série d'images est parcouru, l'empilement des segmentations, affectées de leur coefficient de transformation produit un modèle 3D fidèle à la structure originelle.

Dans un certain nombre de situations particulières, cette étape de recalage n'est pas nécessaire par exemple en microscopie confocale où il n'y a pas de découpage réel de l'objet donc pas de déplacement de l'objet (Shotton et White, 1989). Une autre situation est celle où le bloc contenant l'échantillon est maintenu fixe sous le système d'acquisition qui capture l'image avant chaque prélèvement de coupe (Toga et coll., 1994).

Quand cette étape de recalage est nécessaire, elle peut se faire par différentes méthodes, selon le type d'images :

- *Automatiquement par alignement de repères extrinsèques* tels que des trous pratiqués au laser, des tiges d'un matériau inerte introduites avant la coupe de l'objet (Goldszal et coll., 1995). Mais pour cela, il faut : (1) disposer d'échantillons de grande taille, (2) que les repères n'endommagent pas la morphologie des tissus étudiés, (3) que les repères soient perpendiculaires au plan de coupe et parallèles entre eux, tout le long de la structure. C'est historiquement la solution la plus ancienne (Chawla et coll., 1982 ; Dorup et coll., 1983 ; Toga et Arnicar, 1985) mais la plus inadaptée pour le recalage de structures nerveuses chez le petit animal de laboratoire.

- *Automatiquement par alignement des segmentations* (Mahoney et coll., 1990 ; He et coll., 1995). L'avantage de cette méthode est dans son temps de calcul, car les segmentations sont des images binaires de très petite taille contenant peu d'informations, et donc aisées à manipuler. Le premier inconvénient de cette méthode est que justement les segmentations contiennent peu d'informations et constituent donc une importante source d'erreur dans l'élaboration du modèle 3D. Un autre inconvénient est que, les erreurs s'additionnant toujours, il est préférable d'aligner des images que le résultat de leur interprétation.

- *Automatiquement par alignement des images numérisées* : de nombreux algorithmes ont été développés dans ce but. Ils sont fondés sur l'utilisation de corrélations croisées dans le domaine spatial ou fréquentiel (Hibbard et Hawkins, 1988 ; Toga et Banerjee, 1993) ou sur l'utilisation des axes principaux des images (Hibbard et Hawkins, 1988). Leur handicap principal réside dans un temps de calcul prohibitif.

- *Manuellement :* il consiste à superposer les images 2 à 2 et à leur appliquer des translations et des rotations jusqu'à les faire coïncider en tenant compte de repères anatomiques endogènes (limite de structures identifiables, vaisseaux sanguin...). Ce recalage est certes plus fastidieux que les équivalents automatiques, mais quand il est correctement implémenté, il est significativement plus rapide et permet le contrôle complet et interactif de l'alignement de la pile d'images (Marko et coll., 1988 ; Roesch et coll., 1996). C'est ce dernier mode d'alignement que nous avons choisi dans les résultats présentés ici.

3.4. Production du modèle tridimensionnel et visualisation

Une fois les matrices de transformation calculées (translations et rotations), elles sont appliquées aux images binaires des segmentations qui sont empilées dans l'ordre, à une distance proportionnelle au pas d'échantillonnage du spécimen, générant ainsi le modèle 3D qui peut être affiché dans différents modes :

- *Le mode filaire*, qui correspond à l'affichage brut des segmentations. C'est le plus ancien mode de représentation. Il demande peu de ressources informatiques et un logiciel de visualisation peu élaboré. L'illusion de volume résulte uniquement de la rotation du modèle sur l'écran, et n'est pas véritablement perceptible à l'impression. La perception du volume peut être améliorée par une gestion des faces cachées du modèle.

- *Le modèle volumique,* qui résulte du remplissage des intervalles entre les polygones par un maillage et l'habillage de celui-ci par une surface. Dans les versions les plus simples, l'illusion de volume n'est guère meilleure que dans la représentation filaire. Elle peut être améliorée par l'introduction d'un éclairage orienté dans la scène 3D. Des représentations plus sophistiquées encore peuvent être obtenues en jouant sur la texture (aspect, transparence) du voile de surface.

II. Organisation anatomo-fonctionnelle des ganglions de la base

1. Traitement des informations corticales par les ganglions de la base

Le terme "ganglions de la base" désigne un ensemble de quatre noyaux sous-corticaux (figure 3) : le complexe striatal ou striatum (noyau caudé, putamen, noyau accumbens et couches profondes des tubercules olfactifs), le globus pallidus ou pallidum subdivisé en segments externe et interne, le noyau sous-thalamique et la substance noire (parties compacte (SNc) et réticulée (SNr)).

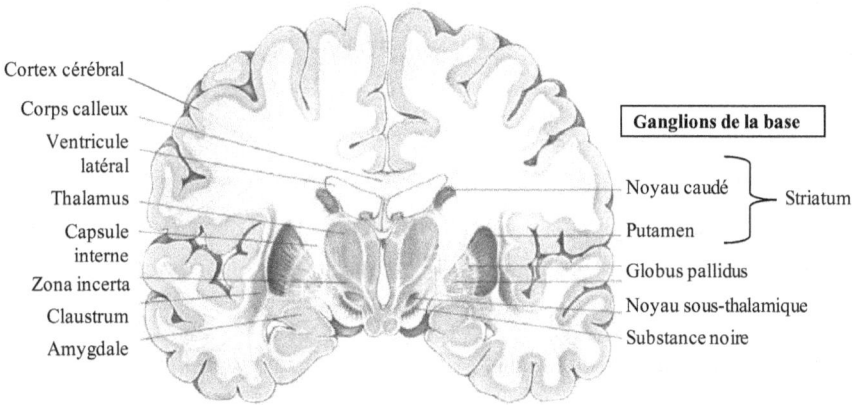

Cortex cérébral
Corps calleux
Ventricule latéral
Thalamus
Capsule interne
Zona incerta
Claustrum
Amygdale

Ganglions de la base
Noyau caudé
Putamen
Striatum
Globus pallidus
Noyau sous-thalamique
Substance noire

Figure 3 : Représentation d'une section coronale de cerveau humain révélant les ganglions de la base (D'après Côté et Crutcher, 1991)

Ces structures intègrent les informations corticales de toutes natures (limbique, associative et motrice) en provenance de toutes les aires corticales (pour revues, voir Alexander et Crutcher, 1990 ; Parent, 1990 ; Afifi, 1994 ; Smith et coll., 1998). L'importance de cette intégration des informations corticales par les ganglions est notamment attestée par les pathologies qui surviennent chez l'homme dans les affections neurodégénératives qui les touchent. C'est le cas entre autres de la chorée de Huntington, liée à la dégénérescence des neurones striataux ou de la maladie de Parkinson, liée à la dégénérescence des neurones dopaminergiques nigro-striataux

21

(Albin et coll., 1995 ; pour revues, Wichmann et DeLong, 1996 ; Calabresi et coll., 1997). La spécificité de ces affections témoigne de ce que la ségrégation des informations corticales est préservée au niveau des ganglions de la base. Néanmoins l'apparition, dans des désordres initialement moteurs, de dysfonctionnements sensoriels (Tissingh et coll., 2001), limbiques et cognitifs (Calabresi et coll., 1997 ; Smith et coll., 1998) suggère un certain degré de communication entre les différents circuits de traitement des informations corticales. La compréhension des modalités de ségrégation des informations corticales est importante à plusieurs titres. D'abord pour comprendre son degré de finesse : jusqu'à quel point les différentes aires corticales sont elles représentées dans les mosaïques striatale et nigrale ? Ensuite pour connaître la part de convergence qui demeure dans ce schéma ségrégatif. Enfin pour essayer de trouver un support anatomo-fonctionnel aux dysfonctions observées dans les pathologies neurodégénératives, qui témoignent d'une interaction entre les systèmes limbique, moteur et associatif. De nombreuses études ont été consacrées au traitement du flux des informations corticales au travers de la boucle cortico-striato-nigro/pallido-thalamo-corticale (pour revue, Parent et Hazrati, 1995). En dépit d'une acceptation générale de l'existence d'un parallélisme du traitement des informations corticales par les ganglions de la base, les appréciations divergent quant au degré de convergence entre les différents canaux fonctionnels, aucun modèle ne parvenant encore à rendre compte simultanément de l'ensemble des données expérimentales et cliniques.

2. Convergence et parallélisme du traitement des informations corticales dans les ganglions de la base

Il a tout d'abord été proposé que les informations issues des différentes aires corticales convergent au niveau du striatum et tout au long des circuits des ganglions de la base formant ainsi une sorte d'"'entonnoir". Cette hypothèse de convergence repose principalement sur l'observation de la diminution progressive du nombre de neurones depuis le cortex cérébral jusqu'aux structures de sorties des ganglions de la base que sont la SNr et le le segment interne du globus pallidus (pour revue, voir Parent et Hazrati, 1995).

Par la suite, des données anatomiques et physiologiques obtenues principalement chez le primate ont permis à Alexander et coll. (1986, 1990) de suggérer un modèle en canaux parallèles reposant sur une topographie des projections cortico-striato-nigrales et cortico-striato-pallidales, de telle sorte que des aires fonctionnellement distinctes du cortex se projettent sur des territoires distincts du striatum puis dans des zones distinctes des structures de sortie des ganglions de la base. Selon ces auteurs, le long de la boucle cortico-striato-nigro/pallido-thalamo-corticale, les informations issues d'une zone particulière du cortex reviendraient sur cette même zone après leur traitement par les ganglions de la base puis par le thalamus. Sur la base de 5 régions fonctionnelles du cortex frontal, ces auteurs ont décrit 5 principaux circuits. Deux d'entre eux émanent des districts moteurs : l'un, "moteur", est dirigé vers les aires motrice supplémentaire, prémotrice et motrice primaire ; l'autre, "oculomoteur", débouche sur les aires primaire et supplémentaire oculomotrices frontales. Deux autres canaux émanent des districts associatifs : l'un, "dorsolatéral préfrontal", s'achève au niveau du cortex préfrontal dorsolatéral ; l'autre, "latéral orbitofrontal", innerve les aires orbitaires latérales. Enfin, un canal limbique "cingulaire antérieur" innerve les cortex cingulaire antérieur et orbitaire médian. Cette organisation en canaux parallèles a pu être contestée sur la base de résultats anatomiques montrant, également chez le primate, que l'extension dendritique des neurones pallidaux et nigraux était incompatible avec leur confinement dans un seul canal anatomique fonctionnel (Percheron et Filion, 1991). Toujours chez le primate, des résultats électrophysiologiques montrant que des neurones pallidaux pouvaient répondre à la stimulation de plusieurs aires corticales différentes (Filion et coll., 1988) ont contribué à la contestation du schéma ségrégatif. Par la suite, d'autres études anatomiques sont venues pondérer ces deux positions, en suggérant un certain degré de convergence à l'intérieur des canaux moteur, associatif et limbique par ailleurs ségrégés (pour revue, voir Parent et Hazrati, 1995).

La même confusion semble émaner des résultats obtenus chez le rat. Des études anatomiques y ont également décrit un certain nombre de circuits cortico-striato-nigro/pallido-thalamo-corticaux parallèles (Gronewegen et coll., 1990, Deniau et Thierry, 1997) mais l'organisation anatomique détaillée du transfert des informations corticales dans les ganglions de la base n'a toujours pas été clairement définie. Par exemple, concernant les projections striatales dans la SNr de rat, les premiers schémas d'organisation décrivaient une inversion dorsoventrale, excepté dans les territoires médiolatéraux (Domesick, 1977 ; Tulloch et coll., 1978 ; Nauta et Domesick, 1979). Par la suite, cette règle d'organisation ne fut pas retrouvée pour toutes les projections striatales (Gerfen, 1985a et b). Depuis, une exploration systématique et détaillée des territoires striataux a montré que chaque territoire du noyau caudé, du putamen et de la partie centrale de l'accumbens innerve la SNr (Kawaguchi et coll., 1990 ; Hedreen et DeLong, 1991 ; Parent et Hazrati, 1993, Kitano et coll., 1998).

Une première critique qu'il est possible d'adresser à tous ces travaux, et qui est d'ailleurs applicable à la grande majorité des études de neuroanatomie fonctionnelle, est que les données anatomiques qui fondent les principes d'organisation mentionnés ci-dessus consistent en un nombre restreint de coupes 2D pratiquées à des positions remarquables dans les ganglions de la base. Nous avons déjà mentionné la difficulté à se représenter mentalement une organisation spatiale à partir de d'images 2D. Cette difficulté est d'autant plus grande que l'échantillon d'images est restreint. Il y a lieu, à nos yeux, de se poser la question de la validité des hypothèses avancées en l'absence d'un outil de représentation 3D exploitant la totalité des informations anatomiques accessibles. Une deuxième critique est que le principe d'une organisation parallèle repose largement sur une analyse de territoires de projections (Alexander et coll., 1990) tandis que celui d'une organisation convergente se fonde sur celle de l'organisation des arborisations dendritiques de neurones nigraux et pallidaux (Percheron et Filion, 1991). Or ces deux principes de structuration ne nous paraissent pas mutuellement exclusifs. L'analyse morphologique des arborisations dendritiques des neurones de la SNr a conduit à la description d'une organisation plutôt convergente chez le singe (François et coll., 1987) et chez le rat (Juraska et coll., 1977 ; Grofova et coll., 1982), suggérant que les dendrites des neurones nigraux pourraient intégrer l'information de divers secteurs striataux. Il a d'ailleurs été récemment montré dans la substance noire de rat que l'arborisation dendritique de neurones affiliés à un territoire fonctionnel donné excède les limites de ce territoire (Mailly et coll., 2001), montrant par-là même comment convergence et ségrégation pouvaient coexister dans la SNr. Une troisième critique est que la plupart des études de traçage mentionnées ci-dessus ont été effectuées sans tenir compte de la représentation fonctionnelle du territoire injecté. Autrement dit, la représentation des territoires corticaux dans le striatum n'avait pas été clairement définie, alors que ces projections constituent la première étape de l'intégration des informations corticales dans les ganglions de la base.

Enfin, une dernière remarque concerne le fait que les deux concepts d'organisation (parallèle ou convergente) émergent en partie de la compilation de résultats anatomiques obtenus sur des groupes d'animaux différents, utilisant des méthodologies différentes, dans le cadre d'études consacrées chacune à un niveau unique de la boucle cortico-striato-nigro/pallido-thalamo-corticale. La variabilité expérimentale qui en résulte rend plus difficile la comparaison et l'intégration des résultats. A notre connaissance, seul un petit nombre de travaux ont été consacrés à l'exploration simultanée de plusieurs niveaux du circuit des ganglions de la base.

Ainsi, l'injection dans différentes aires corticales motrices d'un traceur viral rétrograde transsynaptique (Hoover et Strick, 1993) a suggéré une organisation en canaux parallèles de la boucle pallido-thalamo-corticale liée au traitement des informations motrices. Plus récemment, Deniau et Chevalier (1994) ont cartographié dans le striatum, les territoires de projection des aires fonctionnelles corticales. Cette mosaïque striatale est présentée sur la figure 4.

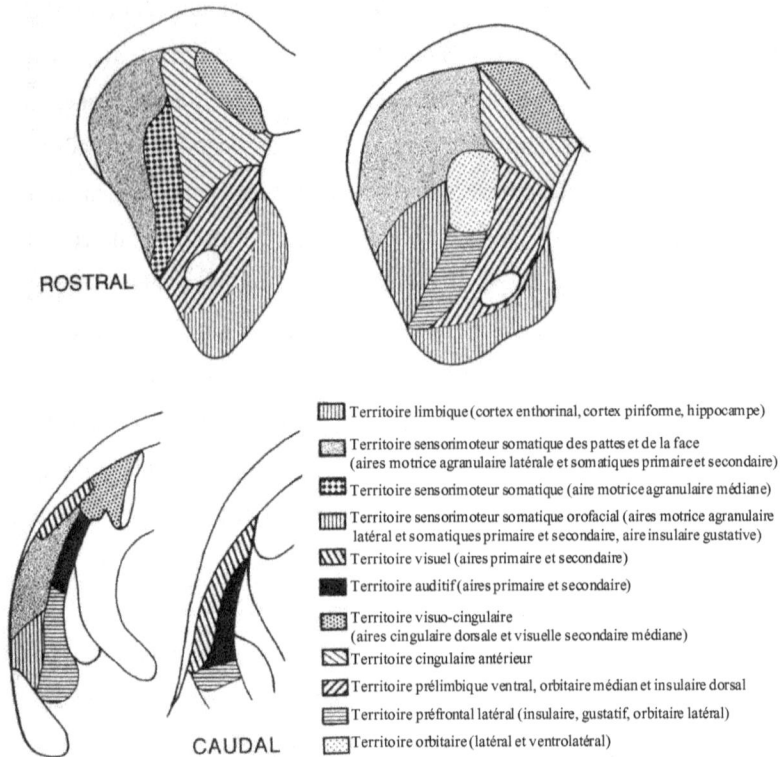

ROSTRAL

CAUDAL

|||||| Territoire limbique (cortex enthorinal, cortex piriforme, hippocampe)

▨ Territoire sensorimoteur somatique des pattes et de la face
(aires motrice agranulaire latérale et somatiques primaire et secondaire)

▦ Territoire sensorimoteur somatique (aire motrice agranulaire médiane)

||||| Territoire sensorimoteur somatique orofacial (aires motrice agranulaire
latéral et somatiques primaire et secondaire, aire insulaire gustative)

▧ Territoire visuel (aires primaire et secondaire)

■ Territoire auditif (aires primaire et secondaire)

▨ Territoire visuo-cingulaire
(aires cingulaire dorsale et visuelle secondaire médiane)

◫ Territoire cingulaire antérieur

▨ Territoire prélimbique ventral, orbitaire médian et insulaire dorsal

▤ Territoire préfrontal latéral (insulaire, gustatif, orbitaire latéral)

▨ Territoire orbitaire (latéral et ventrolatéral)

Figure 4 : Représentation schématique de la mosaïque corticale dans le striatum sur des coupes coronales de cerveau de rat (D'après Deniau et Thierry, 1997). Quatre niveaux rostro-caudaux sont représentés : niveau le plus rostral en haut à gauche et niveau le plus caudal en bas à droite.

Au total, bien que le schéma de principe d'une organisation du traitement des informations corticales le long de canaux fonctionnels parallèles semble faire aujourd'hui l'objet d'un assez large accord, la nature précise des informations corticales traitées par chaque canal, son caractère ouvert ou fermé, son degré de ségrégation ainsi que le(s) site(s) de communication entre les canaux font toujours l'objet de questionnements (Joel et Wiener, 1994 ; pour revue, voir Parent et Hazrati, 1995 ; Yelnik, 2002).

3. Ségrégation des informations corticales dans le striatum et la substance noire chez le rat : étude anatomique par rapport à la mosaïque corticale

Pour répondre à ces interrogations sur les principes d'organisation du traitement des informations corticales au sein des ganglions de la base, il est apparu nécessaire d'une part que les injections de traceurs soient pratiquées dans des régions fonctionnellement (et non pas seulement anatomiquement) identifiées, et d'autre part qu'elles soient aussi petites que possible afin d'éviter le marquage simultané de plusieurs régions fonctionnelles.

Un petit nombre d'études ont été conduites selon ces critères, toutes consacrées à la boucle striato-nigrale (Lynd-Balta et Haber, 1994a et b ; Deniau et coll., 1996 ; Haber et coll., 2000). La région striatale injectée était préalablement caractérisée fonctionnellement par l'enregistrement de la réponse des neurones à la stimulation corticale.

Ces études s'accordent sur le fait que les projections striato-nigrales sont ségrégées en grands territoires fonctionnels. Aussi bien chez le rat (Deniau et coll., 1996) que chez le primate (Lynd-Balta et Haber, 1994b ; Haber et coll., 2000) les régions striatales motrice, limbique et associative afférentent des territoires distincts de la substance noire. Les résultats diffèrent en ce qui concerne leurs sous-régions. Chez le rat (Deniau et coll., 1996), à l'intérieur de chacun de ces systèmes de projection majeurs, il existe un certain nombre de subdivisions territoriales distinctes. Par exemple, au sein du système sensorimoteur, les aires corticales de la tête, qui innervent la partie ventrale du striatum (voir aussi McGeorge et Faull, 1989), se projettent sur la partie dorsomédiane de la SNr, alors que les aires corticales des membres, qui innervent la partie dorsale du striatum, se projettent sur sa zone ventromédiane. Il en résulte (à l'exception cependant du « shell » du noyau accumbens qui ne semble pas être représenté dans la SNr, comme l'avaient déjà montré Zahm et Heimer en 1993) une carte fonctionnelle nigrale qui fait le pendant de la mosaïque striatale (figure 5). Une telle discrimination fine n'a pas été décrite chez le primate, où les différents sous-territoires se recouvrent très largement (Lynd-Balta et Haber, 1994b).

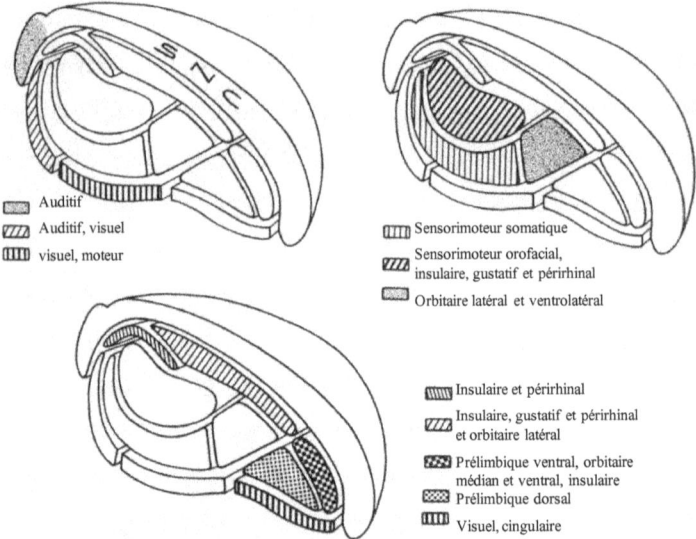

Figure 5 : Représentation schématique de l'organisation lamellaire de la mosaïque striatale dans la substance noire réticulée de rat en vue coronale tiltée (D'après Deniau et coll., 1996) SNC : Substance noire compacte

Parmi ces études consacrées à la topographie des projections striatales dans la SNr, seule l'étude de Haber et coll. (2000) prend en compte la distribution des neurones nigro-striataux. Les autres études (Lynd-Balta et Haber, 1994b ; Deniau et coll., 1996) ne les intègrent pas, nuisant ainsi à une vision globale de l'anatomie fonctionnelle de la boucle striato-nigrale.

Pourtant, de nombreuses études ont proposé diverses organisations topographiques de ces cellules nigro-striatales pour mieux comprendre la modulation du traitement des informations corticales et la communication entre les canaux parallèles.

4. Organisation des neurones nigro-striataux

La découverte de l'innervation dopaminergique nigro-striatale par la méthode d'histofluorescence (Anden et coll., 1964), confirmée par des approches biochimique (Dahlström et Fuxe, 1964 ; Fuxe, 1965) et électrophysiologique (Frigyesi and Purpura, 1967 ; Connor, 1968) puis la reconnaissance de son implication dans l'étiologie de la maladie de Parkinson (Hornykiewicz, 1966) ont donné lieu à de nombreuses études sur la morphologie et les fonctions de la SNc. Il a alors été proposé par Ungerstedt (1971) une subdivision en deux parties : (1) une composante nigro-striatale proprement dite, originaire de la SNc et incluant l'aire rétrorubrale (ARR), innervant une grande partie du striatum, et (2) une composante méso-limbique provenant de l'aire tegmentale ventrale (ATV) et innervant le noyau de l'accumbens et les tubercules olfactifs. Par la suite, Lindvall et Björklund (1974) ont montré, par une méthode de fluorescence plus sensible utilisant l'acide glyoxylique, que le striatum reçoit des afférences dopaminergiques issues de la SNc, de l'ATV et de l'ARR correspondant respectivement aux noyaux A9, A10 et A8 d'après la nomenclature de Dahlström et Fuxe (1964). Puis, grâce aux techniques de traçage antérograde et rétrograde, des études anatomiques ont décrit l'organisation topographique des corps cellulaires de la voie nigro-striée chez le rat (Carter et Fibiger, 1977 ; Fallon et Moore, 1978 ; Guyenet et Aghajanian, 1978), le chat (Hontanilla et coll., 1996) et le primate (Lynd-Balta et Haber, 1994a ; Haber et coll., 2000). Selon Guyenet et Aghajanian (1978), les cellules de la SNc de rat se projetant sur les 2/3 antérieurs du striatum sont localisées principalement dans la partie médiane de la SNc (selon l'axe médio-latéral) tandis que celles innervant le tiers postérieur du striatum sont distribuées selon toute l'extension médio-latérale de la SNc. D'autres auteurs (Carter et Fibiger, 1977 ; Fallon et Moore, 1978 ; Hontanilla et coll., 1996) ont conclu à une inversion topographique dans le plan dorso-ventral des corps cellulaires des neurones nigraux se projetant sur le striatum. Ainsi Fallon et Moore (1978) ont décrit chez le rat une organisation topographique dans laquelle les cellules nigro-striées sont organisées dans les trois plans, dorso-ventral, médio-latéral

29

et antéro-postérieur. Dans le plan dorso-ventral, les neurones dorsaux de la SNc et de l'ATV innervent des structures sous-corticales ventrales telles que l'amygdale et le tubercule olfactif alors que les neurones ventraux innervent les structures dorsales comme le septum, le noyau accumbens et le néostriatum. Il y a donc une inversion de la topographie dorso-ventrale. Ce n'est pas le cas dans les plans médio-latéral et antéro-postérieur, où celle-ci est préservée. Chez le chat, Hontanilla et coll. (1996) ont montré que le long de l'axe rostrocaudal, les neurones caudaux de la SNc innervent principalement la partie rostrale du noyau caudé, tandis que le long de l'axe médiolatéral, les neurones latéraux de la SNc se projettent vers la partie caudale du noyau caudé. De plus, ces auteurs ont également décrit une inversion dorso-ventrale des projections nigro-striatales provenant de la SNc médiane vers le noyau caudé.

D'autres études ont suggéré une compartimentation plus complexe encore telle que les neurones de la partie dorsale de la SNc se projetteraient sur la matrice du striatum et ceux de la partie ventrale de la SNc et de la SNr sur les patches (Gerfen et coll., 1987a et b). Dans tous ces travaux, l'organisation des connexions nigro-striatales est cependant loin d'être décrite avec autant de précision que celle des connexions cortico-striato-nigrales. Nous reviendrons plus loin sur les raisons possibles de cette différence, qui tient en partie à ce que ces études ont été conduites sur des bases purement anatomiques, sans référence à l'organisation anatomo-fonctionnelle du striatum.

A notre connaissance, Lynd-Balta et Haber (1994a) ont été les premiers à décrire l'organisation du système nigro-striatal sur une base fonctionnelle. Ils ont montré, par traçage rétrograde, deux populations principales de neurones nigraux chez le macaque. La première est localisée dans la partie ventrale de la SNc et innerve la région sensorimotrice du striatum. La seconde est localisée à la fois dans les parties dorsale et ventrale de la SNc et innerve la région limbique. Leurs résultats suggèrent que la ségrégation anatomo-fonctionnelle des connexions nigro-striatales est moins stricte que celle des connexions striato-nigrales.

De plus, des populations mélangées de neurones de la SNc et de l'ATV se projettent dans des secteurs distincts du striatum (Van der Kooy, 1979 ; Druga, 1989 ; Lynd Balta et Haber, 1994a), au point que l'existence même d'une organisation topographique a pu être remise en cause (Druga, 1989).

Récemment Haber et coll. (2000) ont montré, chez le macaque, par traçage antérograde et rétrograde dans les différentes régions du striatum (définies sur une base fonctionnelle) et dans les différentes parties du mésencéphale, que les neurones de l'ATV et de la SNc médiane innervent les régions ventromédianes limbiques du striatum, tandis que les neurones de la SNc ventrale et centrale innervent les régions centrales cognitives, et que les neurones de la SNc ventrale (dans la SNr) et latérale innervent les régions dorsolatérales motrices. Ils ont proposé une organisation fonctionnelle complexe en spirales ascendantes pour les neurones striatonigrostriataux depuis le shell de l'accumbens jusqu'au striatum dorsolatéral (figure 6). Dans ces spirales ascendantes les neurones dopaminergiques joueraient le rôle d'interface entre les régions limbiques, cognitives et motrices du striatum.

31

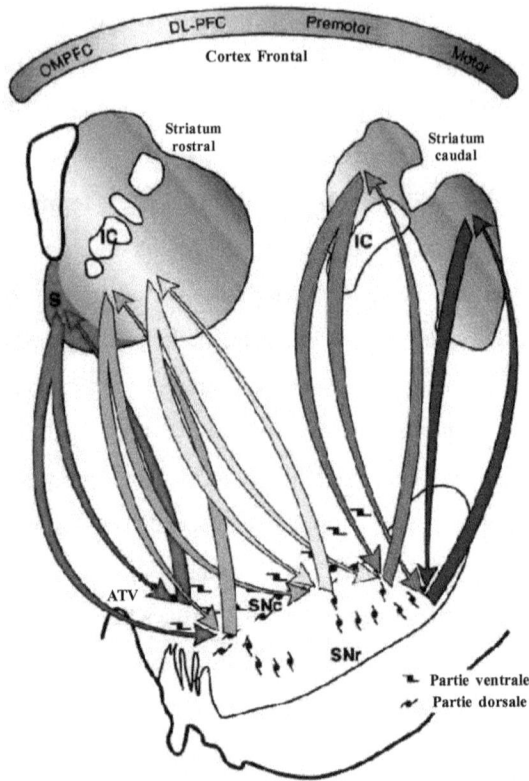

Figure 6 : Schéma modifié de l'organisation des projections striatonigrostriatales chez le primate (D'après Haber et coll., 2000). Le gradient de couleurs illustre l'organisation fonctionnelle des afférences corticostriatales (rouge : limbique, vert : associatif et bleu : moteur). La région de l'enveloppe (S) de l'accumbens reçoit des afférences de l'hippocampe, de l'amygdale et des aires corticales 25 et la. La région du noyau de l'accumbens reçoit des afférences de tout l'OMPFC. Le DL-PFC se projette sur le striatum central et les cortex prémoteur et moteur se projettent sur le striatum dorsolatéral. Les projections striatonigrales issues de la région de l'enveloppe de l'accumbens innervent la SNc ventromédiane et l'ATV (flèches rouges). Les projections nigrostriatales de l'ATV vers la région de l'enveloppe de l'accumbens forme une boucle striatonigrostriatale "fermée" (flèches rouges). Les projections de la SNc médiane vont innerver la région du noyau de l'accumbens, formant la première partie de la spirale (flèche orange). La spirale se poursuit au travers des projections striatonigrales (flèches jaunes et vertes) avec des projections issues de la région du noyau de l'accumbens et innervant des régions de plus en plus dorsales (flèches bleues). De cette manière les régions striatales ventrales influencent les régions striatales les plus dorsales via les projections striatonigrostriatales en spirales. ATV : aire tegmentale ventrale ; DL-PFC : cortex préfrontal dorsolatéral ; IC : capsule interne ; OMPF : cortex orbitaire et préfrontal médian ; S : shell (partie enveloppe de l'accumbens) ; SNC : Substance noire compacte ; SNr : Substance noire réticulée.

32

5. Limites de l'exploration 2D en neuroanatomie fonctionnelle

En définitive, de toutes ces études, il s'avère difficile de dégager une hypothèse concernant l'organisation de la voie descendante cortico-striato-nigrale, celle de la voie ascendante striato-nigrale et leur mode d'articulation.

Dans l'examen des données de la littérature concernant la voie descendante, nous avons énuméré plus haut un certain nombre de pré-requis nécessaires à une bonne description des connexions entre le cortex, le striatum et la SNr. Ce sont principalement une exploration aussi complète que possible au travers d'études connexes, une approche fonctionnelle plutôt qu'anatomique, et des injections sélectives. Ces pré-requis n'apparaissent cependant pas suffisants, puisqu'en dépit d'un accord général sur la ségrégation des canaux descendants, un certain nombre de réponses différentes ont été fournies à des questions importantes, telles que le niveau de finesse de la ségrégation, le degré d'interpénétration des différentes zones fonctionnelles, ou encore le niveau où s'opère la convergence. Des différences d'espèce peuvent bien sûr être invoquées pour rendre compte de cette variabilité, ainsi que des considérations techniques telles que l'échantillonnage des niveaux histologiques examinés, qui conduit à une exploration partielle et donc à une vision approximative de l'organisation des régions étudiées. Il existe néanmoins des questions inaccessibles à la méthodologie utilisée dans toutes ces études, à savoir l'examen de séries de coupes histologiques. L'interpénétration des territoires fonctionnels en fait partie. Comment en effet l'évaluer précisément au travers de deux expériences indépendantes pratiquées sur deux animaux différents ? Surtout dans la mesure où il est quasiment impossible d'avoir une idée précise de l'organisation de ces territoires dans les 3 directions de l'espace. Il en va de même du niveau de finesse de la ségrégation, dont la résolution nécessite par définition une représentation fine de l'organisation spatiale des territoires. Pour obtenir une telle représentation spatiale, il faudrait pouvoir intégrer toutes les informations de position concernant tous les éléments analysés. Tant que ces éléments sont en petit nombre (2 au maximum), de forme simple, et s'étendent sur un petit nombre de coupes histologiques, l'opération demeure possible. Mais plus le nombre d'informations augmente et plus les règles d'organisation deviennent difficiles à dégager. C'est probablement là qu'il faut chercher la cause principale du hiatus entre les niveaux de compréhension des voies descendantes et ascendantes. Ces dernières ne sont en effet accessibles qu'au travers du marquage rétrograde à partir des régions fonctionnelles striatales. Au lieu de se traduire, comme les projections descendantes, par un territoire unique défini par l'extension des terminaisons axonales dans la région afférentée, il se traduit par un ensemble de marquages discrets composé d'un grand nombre de corps cellulaires dont l'organisation spatiale devient impossible à mettre en évidence. Ainsi, Lynd-Balta et Haber, dans leurs études de 1994, qui ont conclu à une organisation très sommaire, Haber et coll. (2000) qui ont négligé une dimension de l'espace pour décrire l'organisation des neurones de la substance noire, et Deniau et coll. (1996) qui n'ont simplement pas analysé la distribution de ces neurones, alors que l'information était disponible sur leurs coupes histologiques.

Toutes ces considérations montrent l'impossibilité d'analyser des organisations anatomo-fonctionnelles complexes en l'absence d'un outil de visualisation 3D.

III. Organisation anatomo-fonctionnelle de l'innervation parasympathique spinale des organes pelviens

1. L'innervation des organes pelviens

La moelle épinière contient les neurones qui contrôlent la motricité uro-génitale. Ils sont répartis en trois populations représentées sur la figure 7 : les neurones préganglionnaires parasympathiques et sympathiques (système nerveux autonome) et les motoneurones (système nerveux somatique). Les axones de ces trois populations de neurones en sortant de la moelle épinière forment trois groupes de nerfs pairs et symétriques : parasympathiques (nerfs pelviens), sympathiques (nerfs hypogastriques) et somatiques (nerfs honteux). Ces nerfs innervent les organes pelviens indirectement (innervation autonome) et directement (innervation somatique). Ils contiennent également des fibres afférentes sensitives qui émanent des différents organes cibles (McKenna et Nadelhaft, 1986 ; Keast et De Groat, 1992, et pour revue, voir Yoshimura et De Groat, 1997).

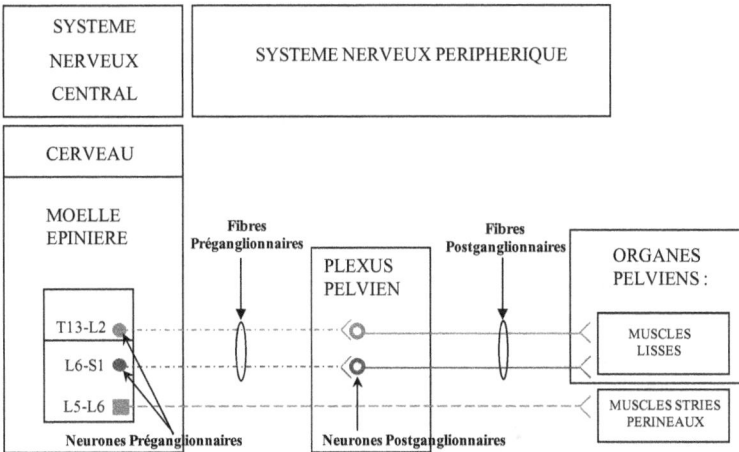

Figure 7 : Représentation schématique de l'innervation des organes pelviens et des muscles striés périnéaux chez le rat. Innervation autonome sympathique en rose et parasympathique en bleu. Innervation somatique en rouge.

35

Les corps cellulaires des neurones préganglionnaires parasympathiques sont localisés chez le rat dans les segments spinaux L6 à S1, dans une petite colonne latérale appelée noyau parasympathique sacré (NPS) (Hancock et Peveto, 1979b; Nadelhaft et Booth, 1984). Leurs axones cheminent dans les nerfs pelviens et se terminent dans un plexus pelvien qui contient des fibres nerveuses et des amas de neurones dits postganglionnaires parasympathiques représentés sur la figure 8 (Langworthy, 1965 ; Dail et coll., 1975 ; Purinton et coll., 1976).

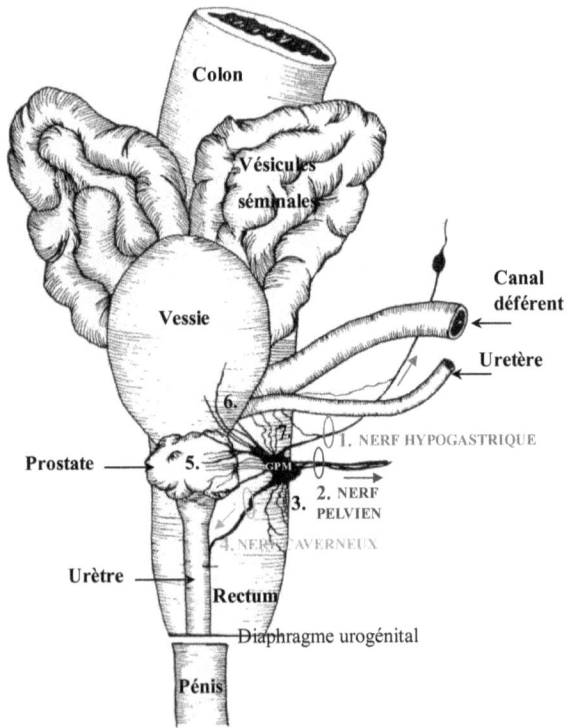

Figure 8 : Organisation anatomique de l'innervation autonome des organes pelviens chez le rat mâle (D'après Langworthy, 1965). Le ganglion pelvien majeur gauche (GPM) reçoit les fibres préganglionnaires issues des nerfs hypogastrique (en rose, 1) et pelvien (en bleu, 2). Le ganglion contient les neurones dits postganglionnaires dont les fibres sortent du GPM par les nerfs innervant soit le rectum (3) soit le pénis par le nerf caverneux (en vert, 4) soit la prostate et l'urètre (5) soit la vessie (6) soit l'uretère et le canal déférent (7).

Les neurones postganglionnaires parasympathiques envoient leurs axones innerver les tissus cibles des différents organes pelviens (figure 9).

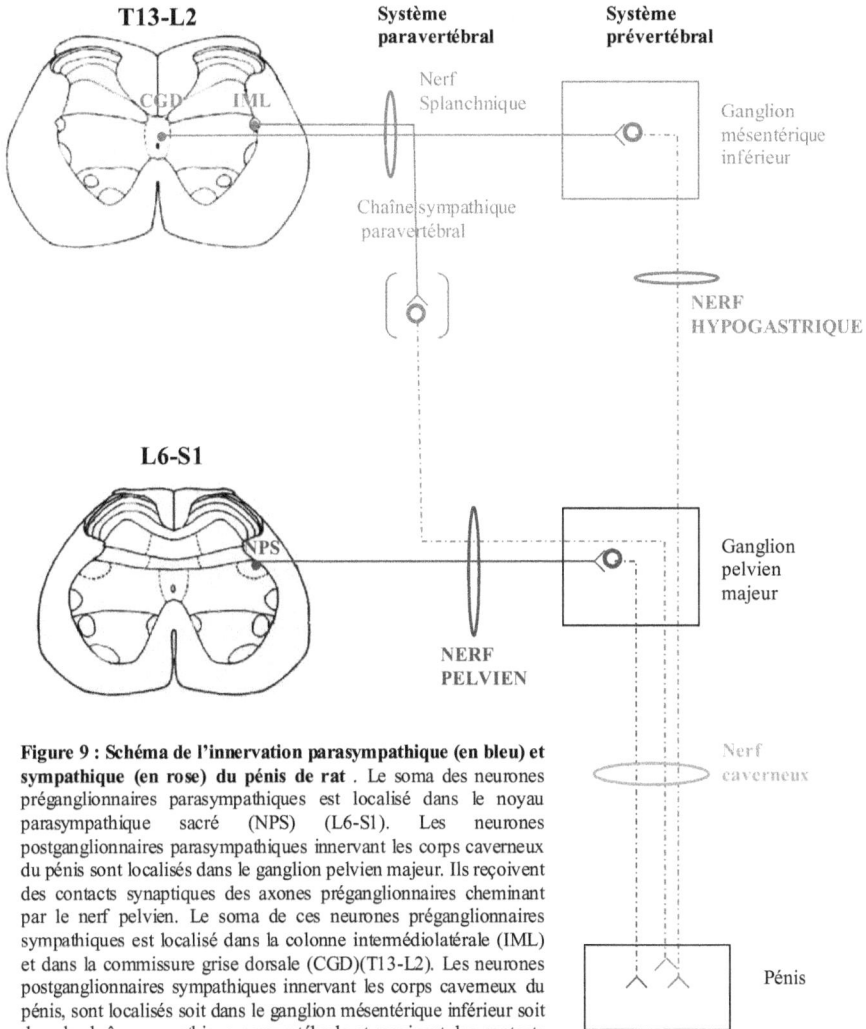

Figure 9 : Schéma de l'innervation parasympathique (en bleu) et sympathique (en rose) du pénis de rat . Le soma des neurones préganglionnaires parasympathiques est localisé dans le noyau parasympathique sacré (NPS) (L6-S1). Les neurones postganglionnaires parasympathiques innervant les corps caverneux du pénis sont localisés dans le ganglion pelvien majeur. Ils reçoivent des contacts synaptiques des axones préganglionnaires cheminant par le nerf pelvien. Le soma de ces neurones préganglionnaires sympathiques est localisé dans la colonne intermédiolatérale (IML) et dans la commissure grise dorsale (CGD)(T13-L2). Les neurones postganglionnaires sympathiques innervant les corps caverneux du pénis, sont localisés soit dans le ganglion mésentérique inférieur soit dans la chaîne sympathique paravertébrale et reçoivent des contacts synaptiques des axones préganglionnaires issus des nerfs splanchniques.

37

Les corps cellulaires des neurones préganglionnaires sympathiques sont localisés dans la moelle épinière thoracolombaire (T13-L2) dans la colonne intermédiolatérale (IML) et dans la commissure grise dorsale (CGD) (Hancock et Peveto, 1979a ; Nadelhaft et McKenna, 1987). Leurs axones font relais ou passent directement dans la chaîne sympathique paravertébrale ou dans le ganglion mésentérique inférieur ou même dans le plexus pelvien (Hulseboch et Coggehall, 1982 ; McKenna et Nadelhaft, 1986 ; Vera et Nadelhaft, 1992). Les axones issus des neurones postganglionnaires sympathiques vont innerver les tissus cibles des différents organes pelviens (figure 9).

Les corps cellulaires des motoneurones somatiques sont localisés dans la moelle épinière lombaire (L5-L6) dans les noyaux moteurs de la corne ventrale (Schroder, 1980 ; McKenna et Nadelhaft, 1986). Les axones somatiques vont innerver directement les muscles striés du plancher pelvien (pour le pénis, ce sont les muscles périnéaux, ischiocaverneux et bulbospongieux (figure 10) et pour la vessie, le sphincter externe urétral).

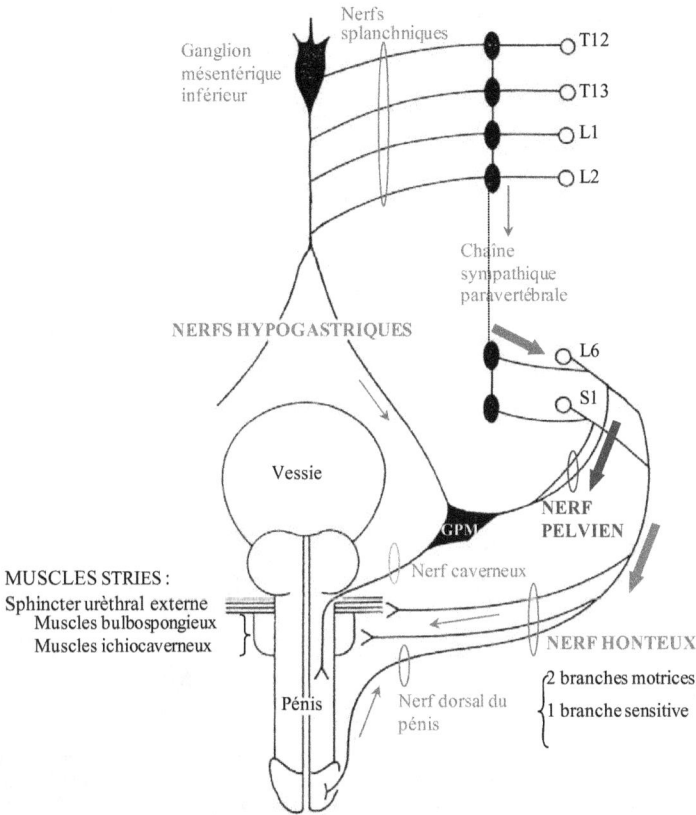

Figure 10 : Schéma montrant les voies spinales efférentes sympathiques (flèches roses), parasympathique (flèche bleue) et somatique (flèche rouge) participant à l'innervation du pénis de rat (D'après De Groat et Steers, 1990). La voie sympathique thoracolombaire est issue des segments spinaux T13 à L2 et passe la chaîne sympathique ganglionnaire puis via les nerfs splanchniques atteint le ganglion mésentérique inférieur. Les fibres sympathiques cheminent alors par les nerfs hypogastriques pour atteindre les ganglions pelviens majeurs (GPM). Les fibres sympathiques préganglionnaires passent uniquement dans la chaîne paravertébrale avant de rejoindre les nerfs pelviens ou honteux. Les axones des neurones préganglionnaires parasympathiques naissent des segments spinaux lombosacrée L6 et S1 et passent dans les nerfs pelviens jusqu'au ganglion pelvien majeur. Les cellules postganglionnaires envoient leur axones dans le nerf caverneux vers le pénis. La branche motrice du nerf pudendal innerve le sphincter externe de l'urètre et les muscles périnéaux bulbospongieux et ischiocaverneux. Le nerf dorsal du pénis, une ramification terminale de la branche sensitive du nerf honteux, innerve le gland, le corps caverneux. Il apporte des informations sensitives à la moelle sacrée.

Le système nerveux parasympathique et le système nerveux sympathique innervent les mêmes tissus cibles (tissus érectiles et artères caverneuses pour le pénis, muscles lisses pour la vessie) des différents organes pelviens mais leurs actions sont

39

classiquement antagonistes en terme fonctionnel. Par exemple, l'innervation parasympathique est proérectile et sa mise en jeu provoque le relâchement des fibres musculaires lisses du pénis (figure 11) (pour revue, Andersson et Wagner, 1995) tandis que l'innervation sympathique est antiérectile et sa mise en jeu provoque la détumescence du pénis.

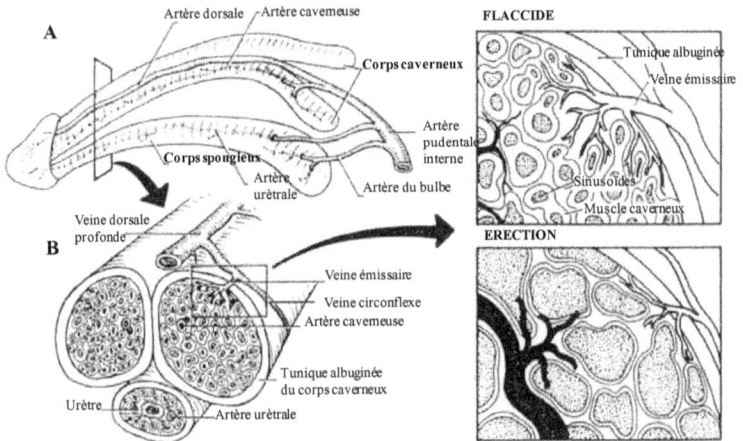

Figure 11 : A : Vue latérale des tissus érectiles et des artères du pénis. B: Section au travers du pénis illustrant la localisation des artères à l'intérieur des tissus érectiles (D'après De Groat et Steers, 1990). Chaque corps caverneux contient une artère principale. Quand elles se dilatent et que les muscles caverneux se relâchent en réponse à l'activation des voies parasympathiques, alors le volume sanguin dans les corps caverneux augmente. Il en résulte une augmentation de la pression intracaverneuse et une augmentation de l'espace caverneux, cela entraîne l'extension et la rigidité du pénis. Les veines émissaires deviennent alors partiellement comprimées contre la tunique albuginée des corps caverneux et l'érection a lieu.

De plus, le système nerveux somatique participe à chacune des situations physiologiques. Par exemple, l'innervation somatique des muscles pelvi-périnéaux n'intervient pas directement dans l'érection mais leur contraction renforce la rigidité du pénis (Meisel et Sachs, 1994).

Le contrôle de la motricité uro-génitale repose sur une coordination intra-spinale des trois groupes de neurones moteurs (préganglionnaires sympathiques, préganglionnaires parasympathiques et motoneurones somatiques) qui sont activés dans des situations physiologiques bien précises (Steers et coll., 1988 ; McKenna et coll., 1991). Pour la miction, il a été proposé que cette coordination pouvait être médiée par les interneurones de la CGD de la moelle épinière lombosacrée (pour revue, Shefchyk, 2001). Il a été également suggéré par des études électrophysiologiques et anatomiques que cette coordination nécessiterait la participation des centres nerveux supra-spinaux (centre pontique de la miction) (figure 12) (Kuru, 1965 ; De Groat, 1975 ; De Groat et Steers, 1990 ; De Groat et coll., 1993a ; De Groat, 1995).

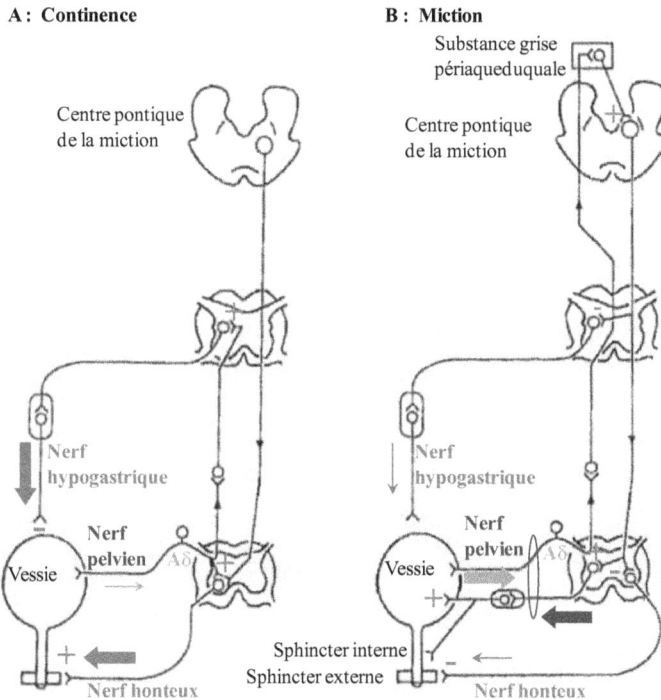

Figure 12 : Schéma des circuits spinaux et supra-spinaux contrôlant la continence et la miction chez le rat (D'après Yoshimura et De Groat, 1997). A : Durant le stockage de l'urine, la distension de la vessie produit une faible activité dans les fibres afférentes du nerf pelvien (Aδ), qui stimulent les fibres sympathiques (nerf hypogastrique) innervant la base de la vessie et les fibres somatiques (nerf honteux) innervant le sphincter externe de l'urètre. L'activité sympathique inhibe le détrusor. Le centre pontique de la miction exerce un tonus excitateur responsable de l'activité des motoneurones innervant le sphincter externe de l'urètre. B : Durant l'expulsion de l'urine, l'activité intense (forte distension de la vessie) des fibres afférentes de la vessie déclenche un réflexe spinobulbospinal qui met en jeu le centre pontique de la miction. Ce dernier stimule le système parasympathique sacré, (nerf pelvien) et le sphincter interne de l'urètre et inhibe les voies sympathique et somatique. Les fibres afférentes Aδ ascendantes relaient dans la substance grise périaqueductale avant de stimuler le centre pontique de la miction.

41

Même si à l'heure actuelle les différentes modulations par les informations périphériques et supra-spinales sur les circuits spinaux sont mieux connues, l'organisation anatomo-fonctionnelle des neurones préganglionnaires qui constituent ces circuits n'a pas été encore clairement établie.

La question qui se pose est de savoir si cette coordination fonctionnelle est sous-tendue par une organisation anatomique particulière des neurones préganglionnaires. En d'autres termes, est ce que chaque organe pelvien (pénis, vésicules séminales, testicules, vessie, canal déférent, uretère, urètre, rectum et colon) est innervé par une sous-population de neurones préganglionnaires et, si oui, comment ces sous-populations de neurones sont-elles organisées les unes vis à vis des autres ?

Outre son intérêt fondamental et clinique et son potentiel thérapeutique, nous nous sommes intéressés à l'organisation des neurones préganglionnaires du NPS de rat pour une raison que nous avons évoquée dans le préambule de ce mémoire. Nous voulions trouver une situation expérimentale qui permettrait de tester notre algorithme de fusion de modèles 3D dont notre travail sur les ganglions de la base avait souligné la nécessité (voir à ce sujet la discussion relative à l'article 1). Pour cela, nous désirions disposer d'une structure nerveuse anatomiquement simple qui puisse constituer un référentiel, contenant des petits ensembles de neurones d'extension limitée. Le NPS était un bon candidat. Son anatomie est relativement simple. Son extension est restreinte à 2 niveaux spinaux (approximativement 3 à 4 mm). Son étude a toujours été abordée par des approches classiques de neuroanatomie 2D, et la question d'une organisation viscérotopique de ses neurones en sous-populations identifiables n'avait jamais été clairement élucidée ainsi que nous allons le voir ci-dessous.

2. Le noyau parasympathique sacré

2.1. Localisation

Le NPS a tout d'abord été décrit par Rexed chez le chat (1954) dans les segments spinaux sacrés et coccygien, respectivement S2, S3 et Cx1 sur une base cytoarchitectonique. Ce noyau avait alors été décrit comme occupant une petite région et une position intermédiolatérale uniquement dans les segments S3 et Cx1. Par la suite, en enregistrant chez le chat des potentiels d'action antidromiques en réponse à la stimulation du nerf pelvien, la localisation du NPS a été précisée dans la région intermédiolatérale, au sein des segments S2 et S3 (Schnitzlein et coll., 1963 ; De Groat et Ryall, 1968). Les enregistrements ont cependant été effectués dans un nombre limité de neurones et l'extension rostrocaudale du noyau a été par conséquent sous-estimée. Des expériences de dégénérescence rétrograde, provoquées par des sections multiples du nerf pelvien, ont confirmé l'extension rostrocaudale et médiolatérale de ce noyau chez le chat (Oliver et coll., 1969).

2.2. Organisation anatomo-fonctionnelle

2.2.1. Techniques classiques de traçage

Chez le chat et le chien, contrairement au rat, une partie du plexus pelvien est localisé dans la paroi de la vessie (Watanabe et Yamamoto, 1979 ; Lincoln et Burnstock, 1993 ; Uvelius and Gabella, 1995). Ceci autorise l'utilisation des traceurs rétrogrades classiques (HRP ou WGA-HRP) pour marquer spécifiquement les corps cellulaires des neurones préganglionnaires parasympathiques qui innervent la vessie. En effet, l'injection du traceur à ce niveau permet sa capture par les terminaisons axonales des neurones préganglionnaires, alors que chez le rat, le plexus pelvien étant localisé à distance de la vessie, le traceur doit franchir une synapse, ce qui n'est pas possible avec la WGA-HRP. Ainsi, chez le chat, des injections de HRP dans la paroi de la vessie ont permis de marquer les neurones préganglionnaires parasympathiques de la partie latérale du NPS (Yamamoto et coll., 1978). Par la même technique, des résultats similaires ont été obtenus chez le chien où les neurones préganglionnaires parasympathiques sont localisés dans le noyau intermédiolateralis sacré pars principalis, qui correspond à la partie latérale du NPS chez le chat (Petras et Cumings, 1978).

43

La localisation et la morphologie de l'ensemble des neurones préganglionnaires parasympathiques du NPS ont été étudiées chez le chat à partir d'une étude anatomique où de la HRP a été appliquée à l'extrémité centrale de nerfs sectionnés, nerf pelvien et/ou nerfs innervant la vessie (Morgan et coll., 1979) ou bien à l'extrémité centrale d'un nerf pelvien sectionné (Nadelhaft et coll., 1980). Dans ces études, sur des coupes coronales, deux groupes de cellules rétrogradement marquées ont pu être distingués. Un premier groupe comprend des cellules de petite taille et d'orientation horizontale, localisées dans la partie médiane et dorsale du NPS, appelée "bande dorsale". Un second groupe comprend des cellules d'orientation dorso-ventrale localisées dans la partie latérale, appelée "bande latérale" (figure 13).

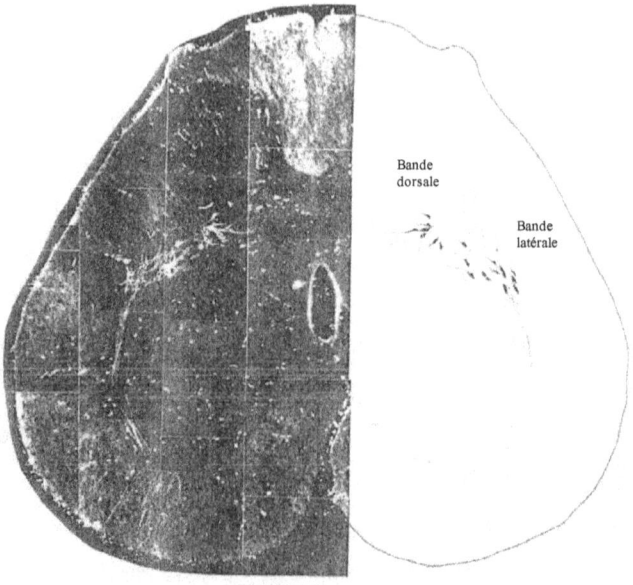

Figure 13 : Photographie (à gauche) et dessin (à droite) d'une coupe coronale de moelle épinière segment sacré S2 de chat qui révèle les neurones préganglionnaires parasympathiques marqués par transport axonal rétrograde de HRP appliquée à l'extrémité centrale du nerf pelvien gauche sectionné (D'après Nadelhaft et coll., 1980). Sur cette coupe coronale, deux groupes de cellules ont été distingués dans le noyau parasympathique sacré. Un premier groupe est localisé dans la région médiane et dorsale appelée "bande dorsale". Les cellules de ce groupe sont de petites tailles et ont une orientation horizontale. Un second groupe est localisé dans la région latérale appelée "bande latérale". Les cellules de ce groupe ont une orientation dorso-ventrale . Barre d'échelle : 1 mm.

44

Le résultat de ces études anatomiques associé aux résultats des études anatomiques précédentes (Petras et Cumings, 1978 ; Yamamoto et coll., 1978 ; Morgan et coll., 1979) et aux résultats d'études électrophysiologiques (De Groat et coll., 1979) a permis de suggérer l'existence d'une organisation viscérotopique du NPS chez le chat, les neurones de la "bande dorsale" innervant le gros intestin et ceux de la "bande latérale" la vessie.

Cette organisation viscérotopique a pu être décelée anatomiquement parce que les deux populations de cellules se ségrègent dans les axes médiolatéral et dorsoventral que l'on peut distinguer sur des coupes coronales 2D. Mais qu'en est-il de cette organisation dans l'axe rostro-caudal ? Existe-il des niveaux de recouvrement entre ces deux populations ? Quelle est la variabilité de cette organisation ?

Des études anatomiques similaires ont été conduites chez le singe et le rat par application de HRP à l'extrémité centrale du nerf pelvien sectionné. Un marquage a été obtenu chez le singe aux niveaux sacrés S1-S3 : (Nadelhaft et coll., 1983) et aux niveaux lombosacrés L6-S1 chez le rat (Hancock et Peveto, 1979a ; Nadelhaft et Booth, 1984). Mais contrairement à ce qui a été observé chez le chat, aucune organisation viscérotopique des neurones préganglionnaires n'a été décelée à partir de l'observation de coupes coronales ou horizontales. Doit-on pour autant conclure à l'absence de viscérotopie dans le NPS de rat ?

2.2.2. Technique de traçage transsynaptique

Principe et avantages

La stratégie que nous avons employée pour répondre à cette question est d'utiliser un traceur rétrograde capable de franchir la synapse entre les neurones post- et pré-ganglionnaires, puisque chez le rat le plexus pelvien est situé à distance des organes pelviens. Ce traceur est le virus pseudo-rage (PRV). Injecté dans différents organes pelviens (une injection/animal), il autorise la visualisation sur des coupes histologiques de la position des neurones contrôlant la motricité de l'organe concerné. La reconstruction 3D des sous-populations puis la fusion de ces modèles nous a permis de répondre à la question de la viscérotopie.

Le grand avantage de l'utilisation des virus neurotropes (virus de la rage, virus de type herpès, dont le virus pseudo-rage qui provoque la maladie d'Aujesky des porcins) est qu'ils assurent une amplification du marquage à chaque étape. A la différence d'autres traceurs neuronaux rétrogrades (HRP, WGA-HRP, fragments de la toxine cholérique) pour lesquels, même si un passage transsynaptique faible a été rapporté, la dilution et la dégradation des produits éteignent le signal (Card et coll., 1993 ; Ugolini, 1995 ; pour revue, Loewy, 1998). De plus, en utilisant la vitesse de propagation du virus le long des prolongements nerveux, on déduit le nombre de synapses putatives qui séparent les neurones marqués par voie rétrograde du tissu cible dans lequel le virus a été injecté. Les limites de cette technique résident dans la possibilité d'une amplification du virus dans le tissu cible contrariant l'identification des neurones de premier ordre ; dans l'infection possible de cellules gliales dans le système nerveux central conduisant à une diffusion non spécifique du marquage ; et enfin dans une neurotoxicité excessive du virus.

Le virus de la pseudo-rage (PRV, souche Bartha) a été récemment proposé comme outil d'exploration morphologique pour cartographier les neurones du système nerveux central contribuant au contrôle d'organes périphériques autonomes. Ce PRV est un α-herpès virus neurotrope atténué, c'est-à-dire qu'il possède un fort tropisme pour les terminaisons nerveuses du système nerveux autonome, sans toxicité excessive.

La « reconnaissance » du virus par les terminaisons nerveuses est illustrée dans la figure 14. Son trajet après inoculation dans le pénis est illustré dans la figure 15.

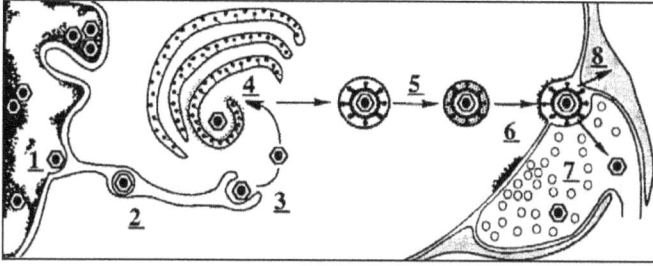

Figure 14 : Cette illustration résume les différentes étapes qui expliquent le passage transsynaptique du virus à partir de sa réplication (D'après Card et coll., 1993). Celle-ci a lieu dans le noyau du neurone. La particule virale s'entoure d'une couche d'enveloppe par invagination de la membrane interne du noyau (1). Cette particule traverse le réticulum endoplasmique correspondant à l'extension de la membrane nucléaire externe (2) pour être libérée dans le cytoplasme après la fusion de son enveloppe monocouche avec la membrane du réticulum endoplasmique (3). La particule virale atteint l'appareil de Golgi pour acquérir une enveloppe bicouche dérivée des citernes "trans" de l'appareil de Golgi (4). Au fur et à mesure que la particule virale traverse le cytoplasme, son enveloppe bicouche devient plus dense (5). Le passage transsynaptique de la particule virale se fait grâce à la fusion de l'enveloppe externe avec la membrane cellulaire postsynaptique (6). Une fois la particule virale dans la fente synaptique, la fusion de l'enveloppe interne avec la membrane cellulaire présynaptique permet à la particule virale de coloniser la terminaison présynaptique (7). La diffusion non spécifique des particules virales dans les cellules gliales est illustrée par l'étape (8).

47

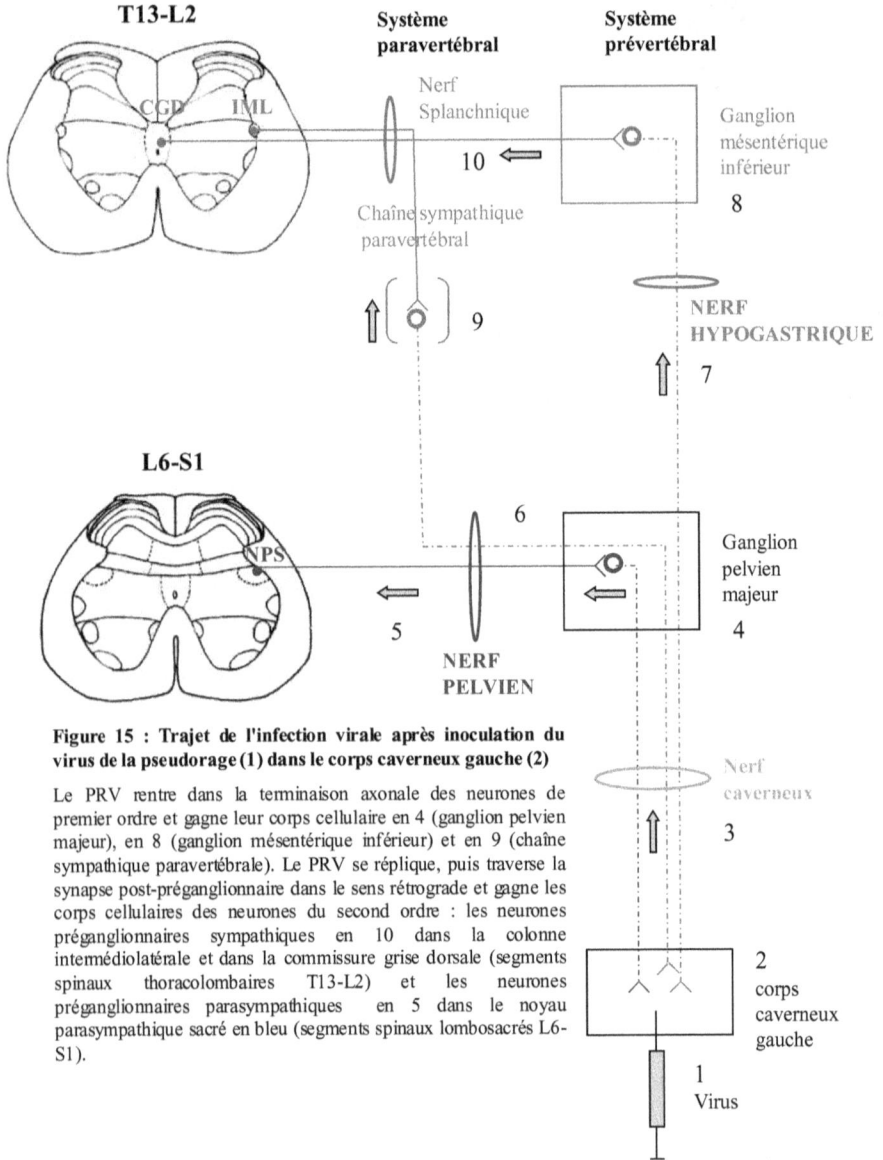

Figure 15 : Trajet de l'infection virale après inoculation du virus de la pseudorage (1) dans le corps caverneux gauche (2)

Le PRV rentre dans la terminaison axonale des neurones de premier ordre et gagne leur corps cellulaire en 4 (ganglion pelvien majeur), en 8 (ganglion mésentérique inférieur) et en 9 (chaîne sympathique paravertébrale). Le PRV se réplique, puis traverse la synapse post-préganglionnaire dans le sens rétrograde et gagne les corps cellulaires des neurones du second ordre : les neurones préganglionnaires sympathiques en 10 dans la colonne intermédiolatérale et dans la commissure grise dorsale (segments spinaux thoracolombaires T13-L2) et les neurones préganglionnaires parasympathiques en 5 dans le noyau parasympathique sacré en bleu (segments spinaux lombosacrés L6-S1).

Application à l'étude de l'organisation anatomo-fonctionnelle du NPS

De nombreuses études ont utilisé la souche Bartha du PRV pour marquer les neurones du système nerveux autonome qui innervent spécifiquement un des différents organes pelviens chez le rat (pénis : Marson et coll., 1993 ; Marson et Carson, 1999 ; vessie : Nadelhaft et coll., 1992 ; Nadelhaft et Vera, 1995, 1996, 2001 ; Vizzard et coll., 1995 ; Marson, 1997 ; prostate : Orr et Marson, 1998 ; Marson et Carson, 1999 ; Zermann et coll., 2000 ; testicules : Gerendai et coll., 2000 ; colon : Vizzard et coll., 2000). Il est important d'indiquer que la plupart de ces études visaient d'une part à marquer les neurones préganglionnaires du NPS innervant spécifiquement un organe pelvien, mais surtout à marquer les neurones supra-spinaux les innervant directement ou indirectement. Ce qui explique que dans ces études, les auteurs ont travaillé à des temps de migration suffisamment longs pour que le virus atteigne les étages supra-spinaux (environ 4 jours). Les études dans lesquelles du PRV avait été injecté dans les corps caverneux du pénis ou dans la vessie et même dans d'autres organes pelviens n'ont pas révélé de viscérotopie dans le NPS (pénis : Marson et coll., 1993 ; Marson et Carson, 1999 ; vessie : Nadelhaft et coll., 1992 ; Nadelhaft et Vera, 1995, 2001 ; Marson, 1997). Il faut cependant signaler que ces conclusions ont été tirées de coupes histologiques échantillonnées dans le NPS, ce qui n'autorise de conclusion nette que dans le cas d'une ségrégation franche et sans recouvrement des sous-populations de neurones.

Le travail que nous avons réalisé et que nous présentons dans l'article n°3 (Banrezes et coll., 2002) se fonde sur l'observation exhaustive des neurones spinaux préganglionnaires rétromarqués par la WGA-HRP appliquée à l'extrémité centrale du nerf pelvien sectionné d'une part, et des sous-populations neuronales du NPS innervant le pénis ou la vessie en utilisant le PRV d'autre part. Ce travail, suivi d'une reconstruction 3D des ensembles de neurones, permet d'expertiser de manière précise leur organisation spatiale. Nous verrons dans la discussion de l'article n°3 comment la fusion des différents modèles 3D permet de mettre en évidence des règles d'organisation des neurones du NPS chez le rat.

RÉSULTATS & DISCUSSION

I. La modélisation 3D, un outil pour la neuroanatomie fonctionnelle

ARTICLE 1 – DISTRIBUTION TRIDIMENSIONNELLE DES NEURONES NIGROSTRIES CHEZ LE RAT : RELATION AVEC LA TOPOGRAPHIE DES PROJECTIONS STRIATO-NIGRALES.

Une compartimentation fonctionnelle des circuits cortico-striato-nigraux avait été montrée chez le rat par Deniau et coll. (1996). Cette compartimentation préserve au niveau des ganglions de la base les principales subdivisions fonctionnelles du cortex cérébral. Dans cette étude, centrée sur les circuits descendants cortico-striataux-nigraux, le circuit ascendant nigro-striatal avait été laissé de côté de par l'impossibilité à décrire l'organisation spatiale des dizaines de neurones rétrogradement marqués, distribués sur de nombreuses images de coupes sériées. Dans la mesure où le rôle principal de cette voie ascendante est de contrôler l'intégration de l'information corticale au sein des ganglions de la base, la question se posait de la relation topographique entre les canaux fonctionnels cortico-striato-nigraux et les projections nigro-striatales. Dans le travail qui fait l'objet de ce premier article, nous avons ré-examiné les résultats d'injections de WGA-HRP dans les différents territoires fonctionnels striataux et nous avons eu recours à la reconstruction 3D pour mettre en évidence une logique d'organisation des neurones nigro-striataux et de suggérer des hypothèses quant à leur rôle dans la régulation des circuits cortico-striato-nigraux.

1. Organisation spatiale des territoires de projection striataux dans la SNr

Nos reconstructions 3D confirment que les projections des régions striatales affiliées à des territoires corticaux fonctionnellement distincts sont représentées sous forme de lames également distinctes dans la SNr. Ces reconstructions 3D montrent que ces lames sont organisées selon trois directions : dorso-ventrale et médio-latérale comme

51

cela avait été décrit par Deniau et coll. (1996) mais également antéro-postérieure. Cette extension antéro-postérieure est variable selon les secteurs striataux fonctionnels injectés. Ainsi, tandis que les projections des territoires sensorimoteur orofacial et cingulaire antérieur occupent toute l'étendue rostro-caudale de la SNr, celles des secteurs sensorimoteur des membres et visuo-oculomoteur ne sont respectivement présentes que dans les parties caudale et rostrale. D'autre part, bien que la plupart des territoires striataux de projection soient parallèles à l'axe antéro-postérieur de la SNr, certains d'entre eux tels que les territoires visuo-oculomoteur et prélimbique ventral sont orientés diagonalement (rostro-médian/caudo-latéral). En ce sens, la modélisation 3D précise les conclusions qui avaient été tirées sur l'organisation dans la SNr des projections striatales. En effet, le schéma de la mosaïque nigrale proposé par Deniau et coll. (1996), fondé sur des vues en perspective cavalière, concluait implicitement que tous les territoires striato-nigraux ont la même extension rostro-caudale, la même orientation, et que chacun conserve une forme identique au travers son extension rostro-caudale. La modélisation 3D montre ici que même pour des structures uniques de forme simple, la perspective cavalière ne permet pas de se faire une bonne représentation mentale d'une organisation spatiale. Le fait de disposer, avec la modélisation 3D, du moyen de représenter sous n'importe quelle orientation la totalité du volume de projection striato-nigral, permet d'améliorer considérablement l'acuité de l'analyse.

2. Organisation tridimensionnelle des neurones nigro-striataux

Nos reconstructions 3D mettent en évidence pour chaque site d'injection, deux sous-populations distinctes de neurones nigro-striataux : une première, nombreuse, occupant une position proximale, en registre des territoires de projection striato-nigraux et une seconde, peu nombreuse, située à distance des territoires de projection striato-nigraux. Nos modèles 3D suggèrent que les sous-populations proximales présenteraient un degré de ségrégation relativement élevé alors que les sous-populations distales s'interpénètreraient davantage. Ces observations pourraient rendre compte de contradictions qui ressortent de la littérature consacrée à l'organisation du système nigro-striatal. En effet, certaines études de traçage axonal à l'aide de peroxidase (Carter et Fibiger, 1977 ; Guyenet et Aghajanian, 1978 ; Fallon et Moore, 1978) ont conclu à une relation topographique précise entre la substance noire et le striatum tandis d'autres utilisant des traceurs fluorescents et des lectines (Van der Kooy, 1979 ; Lynt-Balta et Haber, 1994a et b ; Druga, 1989) ont montré des populations mélangées de neurones nigraux se projetant vers différentes régions striatales. Nos résultats présentent une vue unifiée de toutes ces organisations, incluant à la fois la ségrégation et le mélange de populations de neurones nigraux innervant des secteurs striataux distincts.

2.1. Règle générale d'organisation

Les neurones nigraux, pour une position rostro-caudale donnée, n'occupent jamais (à l'exception de 5 neurones sur les 3180 examinés) une position plus ventrale et plus latérale que les limites ventrale et latérale du territoire des projections striatales correspondantes.

2.1.1. Sous-populations des neurones proximaux

Les sous-populations de neurones proximaux sont en règle générale les sous-populations les plus denses et les plus nombreuses. Le long de l'axe rostro-caudal, elles n'ont pas de localisation privilégiée et peuvent être situées dans la moitié rostrale (sensorimoteur de la face, visuo-oculomoteur et prélimbique ventrale/orbitaire ventro-médian), dans la moitié caudale (sensorimoteur des membres) ou tout le long de la SNr (sensorimoteur orofacial). Dans le plan dorso-ventral, les neurones proximaux sont souvent localisés immédiatement au-dessus ou même à l'intérieur des projections striatales auxquelles ils sont associés. Cela est particulièrement vrai pour les neurones proximaux associés aux territoires striataux sensorimoteur des membres et prélimbique dorsal qui se trouvent au milieu de la SNr, à l'intérieur des territoires de projection. Par contre les neurones proximaux associés au territoire sensorimoteur de la face restent dans la SNc (mélangés à ceux associés au territoire sensorimoteur orofacial) malgré la localisation ventrale des projections striatales correspondantes.

Si l'on combine cette règle d'organisation dorso-ventrale avec celle (mentionnée plus haut) d'organisation médio-latérale, il est possible de dégager une hypothèse concernant la ségrégation des neurones proximaux. Dans la direction latéro-médiane, les plus latéraux sont ceux relatifs au secteur visuo-auditif. Viennent ensuite les neurones relatifs aux secteurs orofacial, facial et sensorimoteur des membres. Les neurones des deux premiers secteurs se ségrégent selon les axes antéro-postérieur et médio-latéral (plus antérieurs et plus médians pour ceux du secteur facial). Les neurones du secteur sensorimoteur des membres occupent les mêmes positions rostro-caudale et médio-latérale que ceux du secteur orofacial. Leur ségrégation s'opère alors largement dans l'axe dorso-ventral, une très large proportion des neurones du secteur sensorimoteur des membres plongeant dans la SNr jusque dans le territoire d'afférence correspondant. Puis viennent les neurones du secteur visuo-oculomoteur qui occupent une position plus médiane que les trois populations précédentes, et enfin les neurones des secteurs cingulaire et prélimbiques dorsal et ventral. Etant donné qu'ils sont tous situés à l'extrémité médiane de la SNr, leur ségrégation s'opère essentiellement selon l'axe dorso-ventral. Les neurones du secteur prélimbique ventral n'occupent pas la SNc ventrale, dans laquelle se situent les deux autres populations. Les neurones du secteur prélimbique dorsal pénétrant même largement l'intérieur de la SNr.

En conséquence, les sous-populations proximales des neurones nigraux qui innervent des territoires striataux fonctionnellement distincts présentent une ségrégation spatiale relativement précise.

Dans la plupart des cas d'injection, les neurones trouvés à l'intérieur de la SNr sont localisés dans les parties caudales. Cela était particulièrement vrai pour les neurones reliés au secteur striatal sensorimoteur des membres. L'existence de tels neurones nigro-striataux à l'intérieur de la SNr a déjà été mentionnée par de nombreux auteurs (Van der Kooy, 1979 ; Druga, 1989 ; Guyenet et Crane, 1981 ; Lynt-Balta et Haber,

54

1994a). Nos résultats confirment l'importance numérique de cette sous population. Ces neurones (Guyenet et Crane, 1981 ; Van der Kooy et coll., 1981) ont quelquefois été considérés comme une population de neurones de la SNc déplacée ventralement (Fallon et Loughlin, 1995). Nos modèles 3D suggèrent qu'il n'en est probablement rien : leur position est conforme à la logique de la compartimentation fonctionnelle des neurones proximaux nigro-striataux.

2.1.2. Sous-populations des neurones distaux

Elles sont moins nombreuses et moins denses que les populations de neurones proximaux. Elles sont généralement dispersées dans la SNc médiane et adjacentes à l'ATV. L'observation qu'aucun neurone marqué ne soit trouvé dans une position plus latérale que le bord latéral du champ de projections striatales associé implique que plus le champ des projections est latéral, plus l'espace disponible pour les neurones distaux est large. Par conséquent, dans la SNc médiane se trouvent des neurones distaux associés aux champs latéraux de projections et des neurones proximaux et distaux associés à des champs plus médians. Cette organisation laisse donc la possibilité d'un mélange des populations neuronales innervant différents territoires fonctionnels striataux. Un tel mélange a été décrit chez le rat et le singe en ce qui concerne l'innervation des secteurs, sensorimoteur et limbique du striatum (Van der Kooy, 1979 ; Lynt-Balta et Haber, 1994a). Cependant, si nos reconstructions 3D montrent la possibilité d'un recouvrement entre ces populations de neurones dans la SNc médiane, elles suggèrent néanmoins que les populations distales reliées aux aires sensorimotrices occuperaient une bande dorsale de la SNc située au-dessus des populations proximales reliées aux secteurs limbiques.

3. Considérations fonctionnelles

L'organisation spatiale des neurones proximaux et distaux pourrait rendre compte de deux modes de modulation du traitement de l'information corticale par le striatum. Ces deux modes sont illustrés dans le schéma de principe proposé à la fin de l'article. D'une part, le voisinage étroit des neurones proximaux et des territoires de projections associés pourrait constituer une boucle nigro-striatale restreinte à un canal fonctionnel unique. Le nombre élevé des neurones proximaux suggère que cette modalité de régulation puisse être la principale. D'autre part, les neurones distaux associés à un canal fonctionnel donné, situés au-dessus des projections striatales appartenant à un autre canal, pourraient constituer le support anatomique de boucles de régulation nigro-striatales ouvertes. Ceci est particulièrement vrai des neurones distaux localisés dans la partie médiane de la SNc dorsale et dans la partie adjacente de l'ATV. Ces neurones sont localisés dans une zone recevant des projections du noyau accumbens qui est associé au système limbique (Heimer et Wilson, 1975). Ils pourraient alors être de bons candidats pour assurer le lien fonctionnel entre les circuits sensorimoteur et limbique/préfrontal (Nauta et Domesick, 1984).

Ces considérations fonctionnelles sont fondées sur les 8 régions analysées, qui correspondent approximativement à la moitié des régions fonctionnelles de la mosaïque striatale. Le parti pris pour chacune de ces injections a été celui de la spécificité, c'est-à-dire un marquage *a minima* afin d'éviter la contamination des régions fonctionnelles voisines. Du fait de la restriction du marquage à une petite partie centrale de la région striatale, il pourrait être objecté que le marquage nigral sur lequel nos reconstructions sont fondées ne reflète pas l'organisation véritable des projections dans la SNr et des neurones de la SNc. Trois observations nous permettent d'écarter cette objection : tout d'abord, il n'existe pas de corrélation entre le volume d'injection striatal et le nombre de neurones rétrogradement marqués dans la substance noire, ensuite il n'en existe pas non plus entre le volume d'injection et le niveau de discrimination entre les deux sous-populations de neurones rétrogradement marqués, et enfin l'organisation spatiale que nous décrivons a été constatée systématiquement pour tous les territoires analysés. Toutes ces objections prises ensemble confortent l'idée que l'organisation spatiale que nous révélons n'est pas biaisée par un marquage striatal partiel.

Néanmoins, ce choix d'un marquage partiel dans le striatum laisse en suspens la question de la proportion des neurones étudiés (un total d'environ 3000) parmi la population totale des neurones des noyaux A8, A9 et A10. Pour y répondre, nous devions disposer de modèles 3D représentant cette population totale. La constitution de ce « référentiel » a été menée à bien dans le cadre d'une étude consacrée chez le rat aux effets de l'hypotrophie intrautérine sur la population des neurones dopaminergiques du mésencéphale. C'est l'objet du deuxième article.

II. Problèmes et limites de la reconstruction 3D : la comparaison de modèles

ARTICLE 2 – LE RETARD DE CROISSANCE INTRAUTERINE N'ALTERE PAS LA DISTRIBUTION DES NEURONES IMMUNOREACTIFS POUR LA TYROSINE HYDROXYLASE DES GROUPES A8, A9 ET A10 CHEZ LE RAT : UNE ETUDE PAR RECONSTRUCTION TRIDIMENSIONNELLE

Il a été suggéré que la mise en place des neurones dopaminergiques des noyaux A8, A9 et A10 chez le rat soit sensible à une diminution de l'apport d'oxygène durant la période périnatale. Selon les modèles aigus utilisés, une augmentation (modèles d'asphyxie, Bjelke et coll., 1991; Andersson et coll., 1995) ou une diminution (modèle d'ischémie, Burke et coll., 1992) de leur nombre a été observée. Par contre peu d'études ont été effectuées sur des modèles de perturbation chronique de l'apport en oxygène et en nutriments au fœtus, et parmi celles-ci, aucune ne s'est penchée sur ces neurones dopaminergiques. Chez l'enfant, cependant, le retard de croissance intrautérine a été associé à des déficits neurologiques importants comme la paralysie cérébrale (Fitzhardinge et Steven, 1972 ; Chiswick, 1985 ; Blair et coll., 1990 ; Foley, 1995) quelquefois accompagnée de désordres extrapyramidaux (Towbin, 1960). Le travail qui fait l'objet de l'article qui suit a été entrepris pour deux raisons principales : déterminer d'une part la distribution des neurones dopaminergiques des noyaux A8, A9 et A10 du rat et détecter leur possible ré-organisation dans le retard de croissance intrautérine et d'autre part bâtir, à l'aide des animaux témoins, un référentiel de l'organisation spatiale de ces neurones qui nous permette de situer les neurones nigro-striataux marqués dans nos expériences précédentes.

1. Effet de l'hypotrophie sur les neurones dopaminergiques des noyaux A8, A9 et A10

Nos résultats montrent qu'à E17, la ligature unilatérale de l'artère utérine postérieure chez des rates gestantes ne semble pas entraîner dans leur descendance de modification ni du nombre ni de l'organisation spatiale des neurones TH positifs dans les noyaux A8, A9 et A10. Ce résultat contredit ceux obtenus dans les modèles aigus. L'explication peut tenir à des questions méthodologiques (échantillonnage des pièces anatomiques, méthode de comptage), mais aussi à la différence des techniques employées pour perturber l'apport d'oxygène au cerveau.

2. Organisation spatiale et répartition des neurones dopaminergiques des noyaux A8, A9 et A10

Nos résultats montrent, quelle que soit l'orientation sous laquelle on les examine, que les neurones TH positifs des noyaux A8, A9 et A10 forment un véritable continuum. Cette continuité dans la distribution avait déjà été suspectée par German et Manaye (1993), sur la base de représentations coronales, mais restait à confirmer par d'autres points de vue. Bien qu'assorti d'une certaine part d'arbitraire, le dénombrement des neurones de chaque noyau demeure cependant possible. Ils se répartissent ainsi :

Noyaux du mésencéphale	A8	SNr	SNc	A9	A10	Total
Immunomarquage TH	787±62	728±154	6031±510	6759±492	10186±602	17732±1037
Pourcent du total	4,4	4,1	34	38,1	57,5	100

3. Répartition des neurones nigro-striataux précédemment marqués (article 1) dans la population totale des neurones TH positifs des noyaux A9 et A10

Le nombre de neurones respectivement marqués par injection intrastriatale de WGA-HRP (voir article 1) et par immunohistologie anti-TH sont présentés dans le tableau qui suit. La validité de la juxtaposition de ces catégories – a priori différentes – de neurones repose sur les données de Guyenet et Crane (1981) et de Van der Kooy et coll. (1981) montrant que plus de 90% des neurones nigro-striés sont dopaminergiques.

Noyaux du mésencéphale	SNr	SNc	A9	A10	Total A9+A10
Marquage rétrograde WGA-HRP	500	2087	2587	593	3180
Immunomarquage TH	728	6031	6759	10186	16945
WGA-HRP/TH	0,68	0,35	0,38	0,06	0,19

La première colonne (SNr) montre qu'en dépit du choix de la sélectivité fait pour définir le volume de traceur injecté dans les régions striatales, le rendement de marquage est excellent. Dans nos expériences, les neurones rétrogradement marqués dans la SNr afférentent (à quelques exceptions éparses près) une seule région fonctionnelle striatale, la région sensorimotrice distale des membres. Ceci représente 500 neurones. Si les 728 neurones révélés par immunomarquage étaient relatifs à cette seule région, le rendement de marquage de la WGA-HRP serait de 68%, et serait plus élevé encore s'ils afférentaient également d'autres régions. Cette conclusion est indirectement renforcée par la proportion de neurones rétrogradement marqués dans la SNc (colonne 2). Celle-ci se monte à 35%, alors que, comme nous l'indiquons dans la discussion de l'article 1, seulement la moitié des régions fonctionnelles striatales ont été injectées. Il est permis de penser que cette proportion aurait été approximativement doublée par l'injection de WGA-HRP dans toutes les régions fonctionnelles du striatum et que le rendement de marquage aurait alors été comparable à celui observé dans la SNr.

La colonne relative à l'aire tegmentale ventrale est plus difficile à analyser. En effet, outre le fait que les neurones de A10 rétrogradement marqués par la WGA-HRP sont affiliés aux territoires limbiques, dont une partie seulement a été explorée dans notre travail, les neurones de ce noyau ne sont pas tous impliqués dans la boucle nigro-striée.

Nous répondons ainsi à une question que nous nous posions à la suite du premier article, qui était celle de la proportion des neurones rétrogradement marqués par la WGA-HRP parmi la population totale des neurones dopaminergiques du groupe A8, A9 et A10.

Le modèle d'organisation de la boucle striato-nigrale, qui mettait très clairement en évidence le principe de la ségrégation des canaux fonctionnels, laissait en suspens la question de l'interpénétration des différentes sous-populations de neurones comme support anatomique de la communication entre canaux fonctionnels. A cela, nos modèles 3D ne permettent pas de répondre. Chacun d'entre eux est obtenu dans une expérience distincte, correspondant à une seule injection striatale qui de surcroît ne met en évidence qu'une partie de l'organisation anatomique de la SNr et de la SNc. Les modèles 3D sont donc incomplets et ne prennent en compte ni la variabilité expérimentale, ni la variabilité inter-individuelle. Même s'il était possible d'injecter simultanément à un même animal une batterie de traceurs différents nécessaire au marquage de toutes les régions fonctionnelles, les variabilités inter-individuelle et expérimentale ne seraient toujours pas prise en compte par le modèle. La seule stratégie permettant de générer des modèles complets et représentatifs à partir de modèles individuels incomplets est de les fusionner, c'est-à-dire d'intégrer dans une même représentation les données de plusieurs expériences répétées plusieurs fois. En l'absence d'un tel moyen, nous demeurons dans l'incapacité d'apprécier le degré de recouvrement des sous-populations de neurones nigraux ainsi que celui des territoires de projection à l'intérieur de la SNr.

La fusion de modèles 3D a été abordée au travers d'une étude que nous avons menée, pour des raisons techniques, dans la moelle épinière de rat, et qui fait l'objet du troisième article.

III. La fusion de modèles 3D : vers des modèles complets et représentatifs

ARTICLE 3 – LA SEGREGATION SPATIALE DES NEURONES INNERVANT LA VESSIE OU LE PENIS A L'INTERIEUR DU NOYAU PARASYMPATHIQUE SACRE, REVELEE PAR RECONSTRUCTION TRIDIMENSIONNELLE

Les deux études précédentes ont montré l'apport de la modélisation 3D aux études neuroanatomiques. Elles ont également souligné qu'en l'absence d'outils de fusion, les modèles 3D demeureraient difficiles à comparer, incomplets et non représentatifs.

Notre équipe s'est attachée à développer de tels outils, que nous avons cherché à valider. La problématique que nous avons choisie pour ce faire n'est pas celle des ganglions de la base. En effet, comme nous le détaillons en annexe, cet algorithme fait appel au moyennage d'une structure invariante, identifiable dans tous les modèles, qui est prise comme référentiel. Cette structure, dans l'état actuel des développements, doit de plus englober les éléments étudiés. Un tel référentiel ne peut pas être identifié dans les images utilisées pour la modélisation 3D dans les ganglions de la base. Nous avons choisi une autre problématique : celle de l'organisation, au sein du NPS du rat, des neurones contrôlant la motricité des organes pelviens.

Au plan de l'imagerie et de la modélisation, le NPS, groupe oblong de neurones de la corne intermédiolatérale, s'inscrit anatomiquement dans une structure géométriquement simple, la moelle épinière, particulièrement adaptée au moyennage de structures volumiques, et qui est prise comme référentiel.

Au plan neurobiologique, la ségrégation spatiale des neurones du NPS contrôlant la motricité des différents organes pelviens a fait l'objet d'interrogations que la modélisation 3D peut contribuer à résoudre.

Comme nous l'indiquons dans l'introduction, les données de la littérature semblaient exclure une organisation viscérotopique des neurones du NPS de rat (Nadelhaft et Booth, 1984), contrairement à ce qui avait été décrit chez le chat en se fondant sur le recoupement de résultats électrophysiologiques et neuroanatomiques (Yamamoto et coll., 1978 ; Morgan et coll., 1979 ; Nadelhaft et coll., 1980 ; De Groat et coll., 1982).

Là se situe la première raison de notre travail : outre cette différence entre chat et rat, le protocole de marquage utilisé chez le rat ne pouvait en aucun cas discriminer les neurones gouvernant la motricité de tel ou tel organe pelvien. Depuis ces premiers travaux, plusieurs études ont utilisé le PRV, traceur rétrograde transsynaptique, injecté dans différents organes pelviens (Nadelhaft et coll., 1992 ; Marson et coll., 1993 ; Nadelhaft et Vera, 1995, 1996, 2001 ; Vizzard et coll., 1995, 2000 ; Marson, 1997 ; Orr et Marson, 1998 ; Marson et Carson, 1999 ; Gerendai et coll., 2000 ; Zermann et coll., 2000). Elles auraient pu permettre de démasquer une éventuelle viscérotopie dans le NPS, mais, conçues pour l'exploration des étages supra-spinaux, elles impliquaient des temps de migration du virus trop longs pour exclure, dans le NPS, une contamination par du marquage non sélectif. Si bien que, même si ces études ont sommairement survolé le marquage dans le NPS, aucune n'a décelé de viscérotopie dans ce noyau. Là se situe la deuxième raison de notre travail. Nous avons reconsidéré cette question en injectant du PRV dans les corps caverneux du pénis et dans le dôme de la vessie. Afin d'évaluer la contribution des neurones rétrogradement marqués à la population totale des neurones du NPS, nous avons révélé cette dernière par des méthodes de traçage classique. Dans chaque situation expérimentale (PRV dans le pénis, la vessie, WGA-HRP dans le nerf pelvien) nous avons généré des modèles 3D que nous avons ensuite fusionnés.

1. Validation de l'algorithme de fusion de modèles 3D

Rappelons brièvement cet algorithme, qui est illustré dans la figure 16. Dans chaque modèle 3D, la structure référentielle est segmentée, et son enveloppe 3D construite. Une surface paramétrique de cette enveloppe est ensuite calculée, contenant un nombre identique de sommets pour chaque modèle. Ces surfaces paramétriques sont alignées selon leurs axes principaux et les coordonnées spatiales des sommets homologues peuvent alors être moyennées, pour générer un référentiel moyen.

Ensuite, les déformations permettant de projeter chaque modèle individuel sur le modèle moyen sont calculées et propagées à tous les éléments qu'il contient.

Nous avons appliqué cet algorithme à la population totale des neurones du NPS marqués par application de WGA-HRP à l'extrémité centrale du nerf pelvien sectionné. Le résultat est présenté sur la figure 17. Sur trois modèles générés à partir de 3 expériences différentes, nous comparons notre méthode de fusion à la simple superposition des données. Dans la figure 17A, les déformations ne sont pas propagées aux neurones du NPS. La moelle épinière moyenne contient distinctement 3 populations divergentes de neurones. Dans la figure 17B, les déformations ont été propagées, et la moelle contient une seule population de neurones. La vraisemblance biologique du résultat nous permet de conclure (1) que la variabilité biologique et expérimentale est suffisante, même dans une structure simple comme la moelle, pour que la comparaison entre modèles 3D ne puisse pas être faite par une simple superposition, (2) que la variabilité biologique est correctement prise en compte par notre algorithme de fusion.

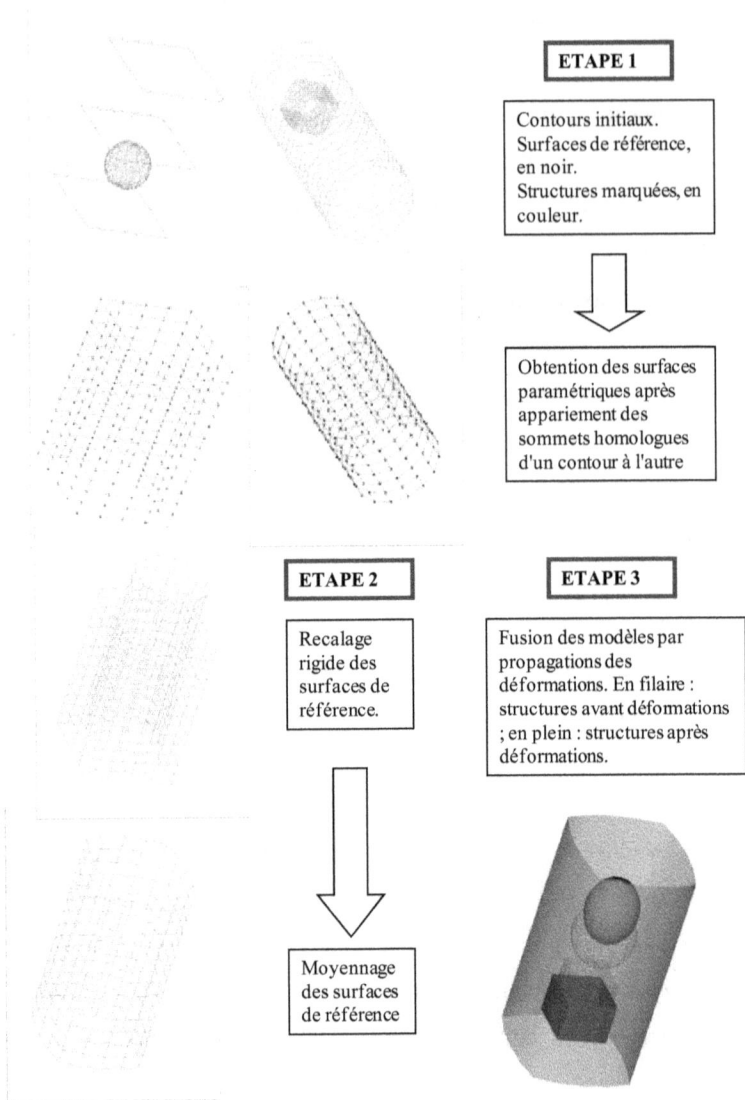

ETAPE 1

Contours initiaux.
Surfaces de référence,
en noir.
Structures marquées, en
couleur.

Obtention des surfaces
paramétriques après
appariement des
sommets homologues
d'un contour à l'autre

ETAPE 2

Recalage
rigide des
surfaces de
référence.

ETAPE 3

Fusion des modèles par
propagations des
déformations. En filaire :
structures avant déformations
; en plein : structures après
déformations.

Moyennage
des surfaces
de référence

Figure 16 : **Principe général du moyennage et de la fusion de modèles 3D** (D'après Andrey et Maurin, 2005)

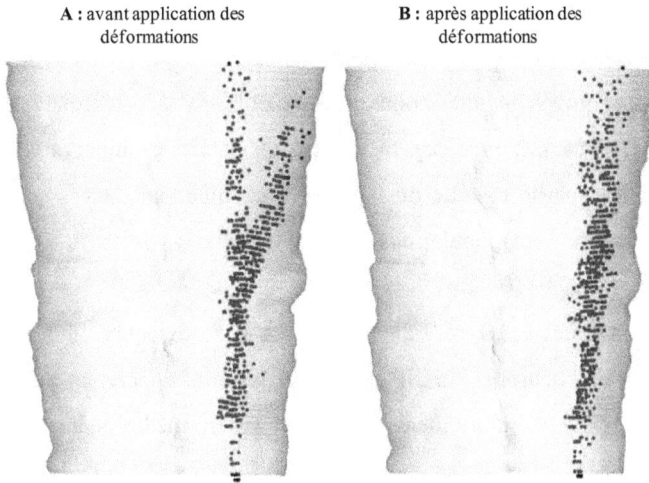

Figure 17 : Résultats de l'application d'une simple superposition de trois modèles 3D (A) et de l'algorithme de fusion (B). En jaune : enveloppe de la moelle épinière moyenne, en orientation horizontale ; en noir : trois populations de neurones du noyau parasympathique sacré marqués par application de WGA-HRP à l'extrémité centrale du nerf pelvien sectionné.

2. Ségrégation des sous-populations du NPS

Dans les modèles 3D individuels, la population totale des neurones du NPS forme une bande étroite, localisée au niveau des segments spinaux lombaires et sacré (L5 caudal, L6 et S1), dans la colonne intermédiolatérale de la substance grise ipsilatérale. Les modèles individuels calculés après injection unilatérale de PRV dans le pénis ou la vessie montrent un marquage très majoritairement ipsilatéral, avec une faible contribution du côté contralatéral et de la CGD. La contribution contralatérale est probablement due à une communication des corps caverneux du pénis. Cette communication entre côtés droit et gauche existe également, mais à un moindre degré, dans la vessie, se traduisant par un très faible marquage du NPS contralatéral. Le résultat marquant de ces modèles individuels est le parallélisme étroit de la position rostro-caudale du marquage des neurones ipsilatéraux d'une part et des neurones de la CGD d'autre part. Ainsi, la régulation par ces derniers de l'activité des neurones du NPS (Nadelhaft et coll., 1992 ; Nadelhaft et Vera, 1996) s'opèrerait selon une architecture médio-latérale.

69

La fusion des modèles 3D montre la ségrégation des sous-populations de neurones innervant respectivement le pénis et la vessie. Les modèles fusionnés relatifs à chaque organe révèlent une bonne reproductibilité des marquages individuels. D'autre part, dans ces modèles fusionnés, les neurones innervant le pénis sont localisés dans la partie rostrale du NPS, et ceux innervant la vessie dans sa partie caudale. Les deux sous-populations se recouvrent dans la partie médiane, et leur décalage est estimé à 1100 µm.

La fusion de modèles 3D met ainsi clairement en évidence une viscérotopie de l'organisation des neurones du NPS. Celle-ci semble s'opérer exclusivement selon l'axe rostro-caudal, contrairement à la ségrégation médio-latérale précédemment observée chez le chat (De Groat et coll., 1982).

Il est tout à fait intéressant de constater qu'à cette organisation viscérotopique des neurones préganglionnaires correspond une ségrégation spatiale, dans le ganglion pelvien majeur, (GPM) des neurones postganglionnaires innervant la vessie, le colon et le pénis (Keast et coll., 1989). Dans le GPM, les neurones innervant le pénis sont localisés autour et dans le nerf caverneux alors que ceux innervant la vessie sont localisés près du nerf hypogastrique et des nerfs accessoires. De plus, tout comme les neurones du NPS, ceux du GPM innervant le pénis et la vessie présentent un certain degré de recouvrement.

Enfin, une approche tridimensionnelle a également permis de montrer une organisation topographique des neurones préganglionnaires sympathiques innervant le rein (Huang et coll., 2002).

Au total, la modélisation 3D se révèle un outil puissant pour l'exploration neuroanatomique d'entités fonctionnelles. La fusion et le moyennage de modèles 3D permettent de plus la comparaison pertinente de reconstructions individuelles et ouvrent la porte à une véritable modélisation quantitative.

DISCUSSION GÉNÉRALE ET CONCLUSIONS

Ce travail de thèse, consacré à l'apport de la modélisation 3D à la neuroanatomie fonctionnelle, nous a conduits à aborder deux champs d'exploration : les ganglions de la base et le noyau parasympathique sacré où nous nous sommes intéressés à l'organisation spatiale de populations de neurones dont l'approche histologique classique était dans l'incapacité de fournir une vision compréhensive. Que ce soit dans les ganglions de la base, où les neurones nigro-striataux étaient purement et simplement écartés de l'analyse, pour cause de complexité de leur distribution, ou bien dans le noyau parasympathique sacré, dont l'échantillonnage des coupes histologiques n'avait pu démontrer l'organisation viscérotopique, la modélisation 3D nous a permis d'atteindre des niveaux de compréhension inaccessibles aux approches classiques de la neuroanatomie.

Ce résultat n'est pas dû à ce que les volumes de données requis par la reconstruction 3D sont plus importants que ceux utilisés par l'histologie 2D classique. En effet, si les travaux histologiques étaient conduits avec le même souci d'exhaustivité, le même niveau de compréhension pourrait être atteint sans recourir à la modélisation 3D. Or, au moins dans le projet consacré à la boucle striato-nigrale, la plupart des données n'ont pas été générées dans l'optique de la reconstruction 3D, mais étaient déjà largement disponibles. Simplement, les données 2D de l'histologie, aussi denses soient elles, ne permettent pas d'appréhender la complexité d'une organisation au seul examen d'une collection d'images planes.

Au contraire, les résultats que nous avons atteints sont dus spécifiquement à la modélisation 3D, qui réintroduit, dans les attributs des objets analysés, la troisième dimension de l'espace, écartée lors de l'échantillonnage du spécimen en coupes sériées, puis qui reconstruit l'agencement spatial des objets pertinents.

Est-ce à dire que la modélisation 3D ne serait nécessaire que pour les structures anatomiques complexes, dont le cerveau ne peut pas se faire une représentation

71

mentale à partir des coupes histologiques ? Que pour les structures simples, une présentation en perspective cavalière pourrait suffire à comprendre leur organisation ? La réponse est à notre avis négative. En effet, nous montrons, dans notre travail sur la boucle striato-nigrale, que les territoires de projection striataux dans la SNr – objets uniques et de forme toujours simple – ne sont pas exactement organisés comme les vues cavalières le laissaient imaginer. Leur extension rostro-caudale, l'orientation de leur grand axe, varient d'un modèle à l'autre. Leur forme est aussi variable selon les modèles, mais également au sein d'un même modèle, et seule la modélisation 3D peut rendre compte de cette diversité morphologique de façon satisfaisante. A côté de la modélisation, il existe maintenant d'autres techniques qui permettent une imagerie anatomique et/ou fonctionnelle du petit animal de laboratoire, et qui fournissent directement des données 3D sans passer par la reconstruction. Ces techniques, dérivées de l'imagerie médicale sont essentiellement l'IRM et la TEP. Néanmoins, ces techniques ont une résolution qui exclut leur utilisation dès qu'il est besoin, comme c'était le cas dans les trois études de ce travail, d'identifier des cellules individuelles. Dans le domaine biologique, la microscopie confocale permet d'atteindre la résolution voulue, mais le champ exploré par un microscope confocal ne permet pas de couvrir les grandes surfaces que nous avons explorées dans ce travail. La modélisation 3D, qui prend en entrée les images histologiques, est indépendante des techniques d'acquisition d'images aussi bien que des protocoles de marquage. Elle peut aborder la reconstruction spatiale de grands volumes avec une résolution quelconque. Sa seule limite, à cet égard, réside dans la capacité de stockage et la puissance de traitement de la machine qui accueille les fichiers. Les deux structures qui nous ont intéressés ici n'auraient pas pu être étudiées autrement que par cette technique.

La modélisation 3D présente cependant des contraintes et des limites. Sa contrainte principale réside dans le volume important de données qu'elle requiert. Non seulement les structures étudiées doivent elles être échantillonnées avec un grand nombre de coupes aussi grand que possible, mais encore les images doivent elles atteindre à la meilleure résolution et être recueillies strictement dans l'ordre, afin d'assurer la pertinence du modèle. Il en résulte des conséquences mineures, comme la taille du volume de données, la force puissance de calcul nécessaire à leur traitement ou encore le temps requis pour aboutir au résultat final. Il en résulte une autre conséquence, plus importante, qui est que la modélisation 3D est trop coûteuse pour n'être qu'un mode de représentation, mais doit répondre à un problème scientifique, et pour cela être intégrée dans le protocole expérimental comme le terme de l'analyse histologique.

Comme nous avons eu l'occasion de le souligner dans la discussion du deuxième article, les limites de la reconstruction 3D sont le risque d'incomplétude et l'absence de représentativité. En effet, une structure complexe nécessitant plusieurs traceurs pour en révéler la globalité ne peut être mise en évidence simultanément dans une seule expérience sur un seul animal. Elle devra être approchée par des marquages partiels successifs et les modèles 3D résultant seront donc individuellement incomplets. Mais cette limite n'est pas à proprement parler celle de la reconstruction 3D. Elle appartient d'abord à l'histologie et à son impossibilité pratique d'injecter simultanément plus de trois ou quatre marqueurs à un même animal. La modélisation 3D, qui prend en entrée les résultats de l'histologie, ne fait que la reconduire. La seconde limite de la reconstruction 3D est l'absence de représentativité. Chaque modèle, issu d'une seule expérience pratiquée sur un seul animal, ne peut rendre compte de la variabilité expérimentale aussi bien qu'inter-individuelle. Cette limite, ainsi que l'incomplétude, peuvent être simultanément levées par la fusion de modèles. La fusion consiste à utiliser une structure commune à tous les modèles, qui est considérée comme invariante, et qui est prise comme référentiel. Ce référentiel est moyenné. Pour chaque modèle, les déformations entraînées par la projection de son référentiel sur le référentiel moyen sont calculées, puis propagées aux éléments qu'il contient. Si les éléments représentent différentes instances d'une même structure identifiée dans autant d'expériences identiques, les modèles de cette structure

73

pourront être eux-mêmes moyennés et le modèle sera un modèle statistiquement représentatif. Si les éléments sont différentes parties d'une structure complexe, le modèle final rassemblera dans une même représentation tous les éléments de cette structure et sera donc complet.

Une combinaison de ces deux cas de figure (chaque partie de la structure complexe étant identifiée plusieurs fois dans plusieurs expériences indépendantes) produira des modèles 3D simultanément complets et représentatifs. Cette stratégie de fusion de modèles a généré des résultats tout à fait intéressants dans la moelle épinière. A posteriori, ces résultats permettent de répondre à une question non résolue, celle de l'importance du facteur de variabilité dans les résultats histologiques. Jusqu'à présent, dans le domaine de la représentation 3D, elle n'a été prise en compte dans la mesure où une simple remise à l'échelle ne peut être considérée comme une normalisation spatiale (Bjaalie, 2002 ; Mailly et coll., 2002). Il est clair, d'après nos résultats sur la moelle épinière que tel n'est pas le cas. Nous montrons dans la figure 17 que la superposition, dans un même modèle, de moelle, de plusieurs instances du NPS, marquées par le même traceur dans des expériences différentes conduit à une représentation invraisemblable de ce noyau, sous la forme de plusieurs groupes cellulaires distincts. Au contraire, la fusion des modèles avec propagation des déformations conduit à un NPS biologiquement crédible, sous la forme d'un seul groupe de neurones correctement situé, et d'extensions médio-latérale, rostro-caudale et dorso-ventrale conformes aux données de la littérature. Il semble clair que le problème de la variabilité devra être pris en considération dans les développements futurs de la modélisation 3D.

De nombreuses étapes, aussi bien techniques que théoriques, devront être franchies avant que de tels modèles quantitatifs 3D, statistiquement représentatifs, ne soient largement répandus. Il semble cependant probable que ces étapes seront franchies, car le besoin de traitement statistique dépasse largement le cadre de la modélisation. Nous assistons depuis deux décennies à une véritable explosion des techniques d'imagerie. Mais ces images restent individuelles et ne représentent que l'individu à partir duquel elles ont été produites. Dans la plupart des espèces, la variabilité est toujours présente et devra, quand cela sera possible, être prise en compte. Pour ce faire, l'image ne devra plus être considérée comme l'étape ultime de l'histologie, mais le matériau brut dont seront extraites les données pertinentes qui feront l'objet des traitements statistiques. A ce stade, nous retrouvons le processus de modélisation, dans lequel ce ne sont pas directement les données de l'image qui sont représentées, mais le résultat du traitement de ces données, autrement dit des méta-données, qui forment les modèles tridimensionnels. Une image quantifiable, statistiquement représentative, nous semble s'inscrire dans le futur de l'imagerie, et constituer le prolongement naturel des techniques d'anatomie fonctionnelle actuelles.

RÉFÉRENCES BIBLIOGRAPHIQUES

Afifi AK (1994) Basal ganglia: functional anatomy and physiology. Part 1. *J. Child Neurol.* 9 249-260

Albin RL, Young AB and Penney JB (1995) The functional anatomy of disorders of the basal ganglia.*Trends Neurosci.* 18 63-64

Alexander GE, DeLong MR and Strick PL (1986) Parallel organization of functionally segregated circuits linking basal ganglia and cortex. *Annu. Rev. Neurosci.* 9 357-381

Alexander GE and Crutcher MD (1990) Functional architecture of basal ganglia circuits: neural substrates of parallel processing. *Trends Neurosci.* 13 266-271

Alpert NM, Bradshaw JF, Kennedy and correia JA (1990) The principal axes transformation -A method for image registration. *J. Nuclear Med.* 31 1717-1722

Anden NE, Carlsonn A, Dahlstrom A, Fuxe K, hillarp NA and Larsson K (1964) Demonstration and mapping out nigro-neostriatal dopamine neurons. *Life Sci.* 3 523-530

Andersson KE and Wagner G (1995) Physiology of penile erection. *Physiol. Rev.* 75 191-236

Andrey P and Maurin Y (2005) Free-D: an integrated environment for three-dimensioal reconstruction from serial sections. *J. Neurosci Methods.* 145 233-244

Bjaalie JG (2002) Opinion: Localization in the brain: new solutions emerging. *Nat. Rev. Neurosci.* 3 322-325

Calabresi P, De Murtas M and Bernardi G (1997) The neostriatum beyond the motor function: experimental and clinical evidence. *Neusrosci.* 78 39-60

Card JP, Rinaman L, Lynn RB, Lee BH , Meade RP, Miselis RR and Enquist LW (1993) Pseudorabies virus infection of the rat central nervous system: ultrastructural characterization of viral replication, transport, and pathogenesis. *J Neurosci.* 13 2515-2539

Carter DA and Fibiger HC (1977) Ascending projections of presumed dopamine-containing neurons in the ventral tegmentum of the rat as demonstrated by horseradish peroxidase. *Neurosci.* 2 569-576

Chawla SD, Glass L, Freiwald S and Proctor JW (1982) An interactive computer graphic system for 3-d stereoscopic reconstruction from serial sections: analysis of metastatic growth. *Comput. Biol. Med.* 12 223-232

Connor JD (1968) Caudate unit responses to nigral stimuli: evidence for a possible nigro-neostriatal pathway. *Science* 160 899-900

Côté L and Crutcher MM (1991) The basal ganglia. In *Principles of neural science* (Third eds Kandel ER, Schwartz JH and Jessell T.M) pp 647-659. Elsevier, Amsterdam.

Dahlström A and Fuxe K (1964) Evidence for the existence of monoamine-containing neurons in the central nervous system. *Acta Physiol. Scand.* 62 (suppl. 232) 1-55

Dail WG, Evan AP and Eason HR (1975) The major pelvic ganglion in the pelvic plexus of the male rat: a histochemical and ultrastructural study. *Cell. Tissue Res.* 195 49-62

De Groat WC (1975) Nervous control of the urinary bladder of the cat. *Brain Res.* 87 201-211

De Groat WC (1995) Mechanisms underlying the recovery of lower urinary tract function following spinal cord injury. *Paraplegia* 33 493-505

De Groat WC and Booth AM Neural control of penile erection. In: The autonomic nervous system. Vol. 3. Nervous control of the urogenital system. Edited by CA Maggi Harwood Academic publishers. London. 1993a Chap. 2: 33-68

De Groat WC and Ryall RW (1968) The identification and characteristics of sacral parasympathetic preganglionic neurones. *J. Physiol.* 196 563-577

De Groat WC and Steers WD (1990) Autonomic regulation of the urinary bladder and sexual organs. In: Central regulation of autonomic functions. Edited by Loewy AD and Spyer KM, pp 310-330

De Groat WC, Booth AM, Krier J, Milne RJ, Morgan C and Nadelhaft I (1979) Neural control of the urinary bladder and large intestine. In: Integrative functions of the autonomic nervous system, C McC Brooks, K Koizumi, and A Sato, eds. Tokyo University Press, Tokyo pp. 473-496

Deniau JM and Chevalier G (1994) Functional architecture of the rodent substantia nigra pars reticulata: evidence for segregated channels. In: The Basal Ganglia IV (Percheron G., McKenzie J. S. and Feger J., eds.) pp 63-70. New York: Plenum.

Deniau JM and Thierry AM (1997) Anatomical segregation of information processing in the rat substantia nigra pars reticulate. *Adv. Neurol.* 74 83-96

Deniau JM, Menetrey A and Charpier S (1996) The lamellar organization of the rat substantia nigra pars reticulata: segregated patterns of striatal afferents and relationship to the topography of corticostriatal projections. *Neurosci.* 73 761-781

Domesick VB (1977) The topographical organization of the striatonigral connection in the rat. *Anat. Rec.* 187 567

Dorup J, Andersen GK and Maunsbach, AB (1983) Electron microscope analysis of tissue components identified and located by computer-assisted 3-D reconstruction: ultrastructural segmentation of the developing human proximal tubule. *J. Ultrastruc. Res.* 85 82-94

Druga R (1989) Nigrostriatal projections in the rat as demonstrated by retrograde transport of horseradish peroxidase. I. Projections to the rostral striatum. *J. Hirnforsch.* 30 11-21

Fallon JH and Moore RY (1978) Catecholamine innervation of the basal forebrain. IV. Topography of the dopamine projection to the basal fore brain and neostriatum. *J. Comp. Neurol.* 180 545-580

Filion M, Tremblay L and Bedard PJ (1988) Abnormal influences of passive limb movement on the activity of globus pallidus neurons in parkinsonian monkeys. *Brain Res.* 444 165-176

François C, Yelnik J and Percheron G (1987) Golgi study of the primate substantia nigra. II. Spatial organization of dendritic arborizations in relation to the cytoarchictectonic boundaries and to the striatonigral bundle. *J. Comp. Neurol.* 265 473-493

Frigyesi TL and Purpura DP (1967) Electrophysiological analysis of reciprocal caudato-nigral relations. *Brain Res.* 6 440-456

Fuxe K (1965) Evidence for the existence of monoamine neurons in the central nervous system. IV. Distribution of monoamine nerve terminals in the central nervous system. Acta *Physiol. Scand.* 64 (Suppl. 247) 37-84

Gerendai I, Toth IE, Boldogkoi Z, Medveczky I and Halasz B (2000) Central nervous system structures labelled from the testis using the transsynaptic viral tracing technique. *J. Neuroendocrinol.* 12 1087-1095

Gerfen CR, Baimbridge KG and Thibault J (1987a) The neostriatal mosaic: II. Patch- and matrix-directed mesostriatal dopaminergic and non-dopaminergic systems. *J. Neurosci.* 7 3915-3944

Gerfen CR, Herkenham M and Thibault J (1987b) The neostriatal mosaic: II. Patch- and matrix-directed mesostriatal dopaminergic and non-dopaminergic systems. *J. Neurosci.* 7 3915-3934

Gerfen CR, Baimbridge KG and Miller JJ (1985a) The neostriatal mosaic: compartmental distribution of calcium binding protein and parvalbumin in the basal ganglia of the rat and monkey. *PNAS* 82 8780-8784

Gerfen CR (1985b) The neostriatal mosaic. I: Compartmental organization of projections from the neostriatum to the substantia nigra in the rat. *J. Comp. Neurol.* 236 454-476

Goldszal AF, Tretiak, OJ, Hand, PJ, Bhasin S and McEachron DL (1995) Three-dimensional reconstruction of activated columns from 2-[^{14}C]Deoxy-D-glucose data. *Neuroimage* 2 9-20

Groenewegen HJ, Berendse HHG, Wolters JG and Lohman AHM (1990) The anatomical relationship of the prefrontal cortex with striatopallidal system, the thalamus and the amygdala: evidence for a parallel organization. In Uylings HBM, Van Eden CG, De Bruin MA, Corner MA, Feenestra MPG (eds): Progress in brain res. 85 Amsterdam: Elsevier, 95-118

Grofova I, Deniau JM and Kitai ST (1982) Morphology of the substantia nigra pars reticulata projection neurons intracellulary labelled with HRP. *J. Comp. Neurol.* 208 352-368

Guyenet PG and Aghajanian GK (1978) Antidromic idendification of dopaminergic and other output neurons of the rat substantia nigra. *Brain Res.* 150 69-84

Haber SN, Fudge JL and McFarland NR (2000) Striatonigrostriatal pathways in primates form an ascending spiral from the shell to the dorsolateral striatum. *J. Neurosci.* 20 2369-2382

Hancock MB and Peveto CA (1979a) A preganglionic autonomic nucleus in the dorsal grey commissure of the lumbar spinal cord of the rat. *J. Comp. Neurol.* 183 65-72

Hancock MB and Peveto CA (1979b) Preganglionic neurons in the sacral spinal cord of the rat: an HRP study. *Neurosci. Lett.* 11 1-5

He L, Sarrafizadeh R and Houk JC (1995) Three-dimensional reconstruction of the rubro-cerebellar premotor network of the turtle. *Neuroimage* 2 21-33

Hedreen JC and DeLong MR (1991) Organization of striatopallidal, striatotonigral and nigrostriatal projections in the macaque. *J. Comp. Neurol.* 304 569-595

Hibbard L and Hawkins R (1988) Objective image alignment for three-dimensional reconstruction of digital autoradiograms. *J. Neurosci. Methods* 26 55-74

Hontanilla B, De Las Heras S and Gimenez-Amaya JM (1996) A topographic re-evaluation of the nigrostriatal projections to the caudate nucleus in the cat with multiple retrograde tracers. *Neurosci.* 72 485-503

Hoover JE and Strick PL (1993) Multiple output channels in the basal ganglia. *Science* 259 819-821

Hornykiewicz O (1966) Dopamine (3-hydroxytyramine) and brain function. *Pharmacol Rev.* 18 925-64

Huang J, Chowhdury SI and Weiss ML (2002) Distribution of sympathetic preganglionic neurons innervating the kidney in the rat: PRV transneuronal tracing and serial reconstruction. *Auton. Neurosci.* 95 57-70.

Hulseboch CE and Coggeshall RE (1982) An analysis of the axon populations in the nerves to the pelvic viscera in the rat. *J. Comp. Neurol.* 211 1-10

Joel D and Weiner I (1994) The organization of the basal ganglia-thalamocortical circuits: open interconnected rather than closed segregated. *Neuroscience* 63 363-79

Juraska JM, Wilson CJ and Groves PM (1977) The substantia nigra of the rat: a Golgi study. *J. Comp. Neurol.* 172 585-600

Kawaguchi Y, Wilson CJ and Emson PC (1990) Projection subtypes of rat neostriatal matrix cells revealed by intracellular injection of biocytin. *J. Neurosci.* 10 3421-3438

Keast JR and DeGroat WC (1992) Segmental distribution and peptide content of primary afferent neurons innervating the urogenital organs and colon of male rats. *J. Comp. Neurol.* 319 615-623

Kitano H, Tanibuchi I and Jinnai K (1998) The distribution of neurons in the substantia nigra pars reticulate with input from the motor, premotor and prefrontal areas of the cerebral cortex in monkeys. *Brain Res.* 784 228-238

Kuru M (1965) Nervous control of micturition. *Physiol. Rev.* 45 425-494

Langworthy OR (1965) Innervation of the pelvic organs of the rat. *Invest. Urol.* 2 491-511

Lincoln J and Burnstock G (1993) Neural control of penile erection. In: The autonomic nervous system. Vol. 3. Nervous control of the urogenital system. Edited by CA Maggi Harwood Academic publishers. London. 1993b Chap. 13: 467-524

Lindvall O and Björklund A (1974) The organization of the ascending catecholamine neuron systems in the rat brain as revealed by the glyoxylic acid fluorescence method. *Acta Physiol. Scand. Suppl.* 412 1-48

Loewy AD (1998) Viruses as transneuronal tracers for defining neural circuits. *Neurosci. Biobehav Rev.* 22 679-684

Lynd-Balta E and Haber SN (1994a) The organization of midbrain projections to the striatum in the primate: sensorimotor-related striatum versus ventral striatum. *Neurosci.* 59 625-640

Lynd-Balta E and Haber SN (1994b) Primate striato-nigral projections: a comparison of the sensorimotor-related striatum and the ventral striatum. *J.Comp. Neurol.* 345 562-578

Mahoney G, Hillman DE and Canaday M (1990) High-resolution, large-area image recording and analysis. In: A.W. Toga (ed.), Three-dimensional neuroimaging, Raven Press, New York pp. 73-86

Mailly P, Charpier S, Mahon S, Menetrey A Thierry AM, Glowinski J and Deniau JM (2001) Dentritic arborizations of the rat substantia nigra pars reticulata neurons: spatial organization and relation to lamellar compartimentation of striato-nigral projections. *J. Neurosci.* 21 6874-6888

Marko M, Leith A and Parsons D (1988) Three-dimensional reconstruction of cells from serial sections and whole-cell mounts using multilevel contourning of stereo micrographs. *J. Elect. Microsc. Techn.* 9 395-411

Marson L (1997) Identification of central nervous system neurons that innervate the bladder body, bladder base, or external urethral sphincter of female rats: a transneuronal tracing study using pseudorabies virus. *J. Comp. Neurol.* 389 584-602

Marson L and Carson III CC (1999) Central nervous system innervation of the penis, prostate, and perineal muscles: a transneuronal tracing study. *Molecular Urol.* 3 43-50

Marson L, Platt KB and McKenna KE (1993) Central nervous system innervation of the penis as revealed by the transneuronal transport of pseudorabies virus. *Neurosci.* 55 263-280

McGeorge AJ and Faull RLM (1989) The organization of the projection from the cerebral cortex to the striatum in the rat. *Neurosci.* 29 503-537

McKenna K and Nadelhaft I (1986) The organization of the pudental nerve in the male and female rat. *J. Comp. Neurol.* 248 532-549

McKenna K, Chung SK and McVary KT (1991) A model for the study of sexual function in anesthetized male and female rats. *Am. J. Physiol.* 261 R1276-1285

Meisel RL and Sachs BD The physiology of male sexual behavior. In: The physiology of reproduction. Second edition. Editeurs Knobil E and Neill JD. Raven Press Ltd., New york, chapitre 35 3-105, 1994

Mazoyer B (2001) L'imagerie cérébrale fonctionnelle Que sais-je? Presses Universitaires de France, Paris.

Morgan C, Nadelhaft I and De Groat WC (1979) Location of bladder preganglionic neurons within the sacral parasympathetic nucleus of the cat. *Neurosci. Lett.* 14 189-194

Nadelhaft I and Booth AM (1984) The location and morphology of preganglionic neurons and the distribution of visceral afferents from the rat pelvic nerve: a horseradish peroxidase study. *J. Comp. Neurol.* 226 238-245

Nadelhaft I, de Groat WC and Morgan C (1980) Location and morphology of parasympathetic preganglionic neurons in the sacral spinal cord of the cat revealed by retrograde axonal transport of horseradish peroxidase. *J. Comp. Neurol.* 193 265-281

Nadelhaft I and McKenna KE (1987) Sexual dimorphism in sympathetic preganglionic neurons of the rat hypogastric nerve. *J. Comp. Neurol.* 256 208-315

Nadelhaft I and Vera PL (1995) Central nervous system neurons infected by pseudorabies virus injected into the rat urinary bladder following unilateral transection of the pelvic nerve. *J. Comp. Neurol.* 359 443-456

Nadelhaft I and Vera PL (1996) Neurons in the rat brain and spinal cord labeled after pseudorabies virus injected into the external urethral sphincter. *J. Comp. Neurol.* 375 502-517

Nadelhaft I and Vera PL (2001) Separate urinary bladder and external urethral sphincter neurons in the central nervous system of the rat: simultaneous labeling with two immunohistochemically distinguishable pseudorabies viruses. *Brain Res.* 903 33-44

Nadelhaft I, Roppolo J, Morgan C and de Groat WC (1983) Parasympathetic preganglionic neurons and visceral primary afferents in monkey sacral spinal cord revealed following application of horseradish peroxidase to pelvic nerve. *J. Comp. Neurol.* 216 36-52

Nadelhaft I, Vera PL, Card JP and Miselis RR (1992) Central nervous system neurons labelled following the injection of pseudorabies virus into the rat urinary bladder. *Neurosci. Lett.* 143 271-274

Nauta WJH and Domesick VB (1979) The anatomy of the extrapyramidal system. In Fuxe K, Calne DB(eds): Dopaminergic ergot derivates and motor function. Oxford: Pergamon Press, 3-22

Oliver JE, Bradley WE and Fletcher TF (1969) Identification of preganglionic parasympathetic neurons in the sacral spinal cord of the cat. *J. Comp. Neurol.* 137 321-328.

Orr R and Marson L (1998) Identification of CNS neurons innervating the rat prostate: a transneuronal tracing study using pseudorabies virus. *J. Autonom. Nerv. Syst.* 72 4-15

Parent A (1990) Extrinsic connections of the basal ganglia. *Trends Neurosci.* 13 254-258

Parent A and Hazrati LN (1993) Anatomical aspects of information processing in primate basal ganglia *Trends Neurosci.* 16 111-116

Parent A and Hazrati LN (1995) Functional anatomy of the basal ganglia. I. The cortico-basal ganglia-thalamo-cortical loop. *Brain Res.Rev.* 20 91-127

Percheron G and Filion M (1991) Parallel processing in the basal ganglia: up to a point. *Trends Neurosci.* 14 55-59

Petras JM and Cuming JF (1978) Sympathetic and parasympathetic innervation of the urinary bladder and urethra. *Brain Res.* 153 363-369

Phelps ME (2000) Inaugural article: positron emission tomography provides molecular imaging of biological processes. *PNAS* 97 9226-9233

Purinton PT, Fletcher TF and Bradley WE (1976) Innervation of pelvic viscera in the rat. *Invest. Urol.* 14 28-32

Rexed B (1954) A cytoarchitectonic atlas of the spinal cord in the cat. *J. Comp. Neurol.* 96 297-379

Roesch S, Mailly P, Deniau JM and Maurin Y (1996) Computer assisted three-dimensional reconstruction of brain regions from serial section digitized images. Application to the organization of striato-nigral relationships in the rat. *J. Neurosci. Methods* 69 197-204

Schnitzlein HN, Hoffman HH, Hamlett DM and Howell EM (1963) A study of the sacral parasympathetic nucleus. *J. Comp. Neurol.* 120 477-485

Schroder HD (1980) Organization of the motoneurons innervating the pelvic muscles of the male rat. *J. Comp. Neurol.* 192 567-587

Shotton D and White N (1989) Confocal scanning microscopy: three-dimensional biological imaging. *TIBS* 14 435-439

Shefchyk SJ (2001) Sacral spinal interneurones and the control of urinary bladder and urethral striated sphincter muscle function. *J. Physiol.* 533 57-63

Smith Y, Bevan MD, Shink E and Bolam JP (1998) Microcircuitry of direct and indirect pathways of the basal ganglia. *Neurosci.* 86 353-387

Steers WD, Mallory B and de Groat WC (1988) Electrophysiological study of neural activity in penile nerve of the rat. *Am. J. Physiol.* 254 R989-R1000

Thomson P and Toga AW (1996) A surface-based technique for warping three-dimensional images of the brain. *IEEE Transactions on medical imaging* 15 402-417

Tissingh G, Berendse HW, Bergmans P, DeWaard R, Drukarch B, Stoof JC and Wolters EC (2001) Loss of olfaction in de novo and treated Parkinson's disease: possible implications for early diagnosis. *Mov. Disord.* 16 41-46

Toga AW and Arnicar T (1985) Image analysis of brain physiology. *Comp. Graph. Appl.* 5 20-25

Toga AW and Banerjee PK (1993) Registration revisited. *J. Neurosci. Methods* 48 1-13

Toga AW, Ambach K, Quinn B, Hutchin M and Burton JS (1994) Postmortem anatomy from cryosectioned whole human brain. *J. Neurosci. Methods* 54 239-252

Tulloch IF, Arbuthnott GW and Wright AK (1978) Topographical organization of the striatonigral pathway revealed by anterograde and retrograde neuroanatomical tracing techniques. *J. Anat.* 127 425-441

Ugolini G (1995) Transneuronal tracing with alpha-herpesviruses: a review of the methodology. In: Viral vectors. Editeurs Loewy AD, Keplitt M. Academic press, inc.

Ungerstedt U (1971) Stereotaxic mapping of the monoamine pathways in the rat brain. *Acta Physiol. Scand.*(Suppl.) 367 1-48

Uvelius B and Gabella G (1995) Intramural neurones appear in the urinary bladder wall following excision of the pelvic ganglion in the rat. *Neuroreport* 6 2213-2216

Van der Kooy D (1979) The organization of the thalamic, nigral and raphe cells projecting to the medial vs lateral caudate-putamen in rat. A fluorescent retrograde double labeling study. *Brain Res.* 169 381-387

Vera PL and Nadelhaft I (1992) Afferent and sympathetic innervation of the dome and the base of the urinary bladder of the female rat. *Brain Res. Bull.* 29 651-658

Vizzard MA, Brisson M and de Groat WC (2000) Transneuronal labeling of neurons in the adult rat central nervous system following inoculation of pseudorabies virus into the colon. *Cell Tissue Res.* 299 9-26

Vizzard MA, Erickson VL, Card JP, Roppolo JR and de Groat WC (1995) Transneuronal labeling of neurons in the adult rat brainstem and spinal cord after injection of pseudorabies virus into the urethra. *J. Comp. Neurol.* 355 629-640

Watanabe H and Yamamoto TY (1979) Autonomic innervation of the muscles in the wall of the bladder and proximal utethra of male rats. *J. Anat.* 128 873-886

Wichmann T and DeLong MR (1996) Functional and pathophysiological models of the basal ganglia. *Curr. Opin. Neurobiol.* 6 751-758

Yamamoto T, Satomi H, Ise H, Takatama H and Takahashi K (1978) Sacral spinal innervations of the rectal and vesical smooth muscles and the sphincteric striated muscles as demonstrated by horseradish peroxidase method. *Neurosci. Lett.* 7 41-47

Yelnik J (2002) Functional anatomy of the basal ganglia. *Mov. Disord.* 17 S15-21

Yoshimura N and De Groat WC (1997) Neural control of the lower urinary tract. *Int. J. Urol.* 4 111-125

Zahm DS and Heimer L (1993) Specificity in the efferent projections of the nucleus accumbens in the rat: comparison of the rostral pole projection patterns with those of core and shell. *J. Comp. Neurol.* 327 220-232

Zermann DH, Ishigooka M, Doggweiler R, Shubert J and Schmidt RA (2000) Central nervous system neurons labeled following the injection of pseudorabies virus into the rat prostate gland. *The Prostate* 44 240-247

ANNEXE

Principe de la méthode de fusion et du moyennage de plusieurs modèles 3D individuels

Pour fusionner des modèles 3D individuels, il est nécessaire de disposer de surfaces 3D homologues d'un animal à l'autre. La méthode de fusion utilisée ici repose sur l'utilisation de surfaces paramétriques pour (i) représenter l'enveloppe des territoires anatomiques, (ii) réaliser le recalage et le moyennage 3D et (iii) calculer les déformations. Le recours à de telles surfaces est particulièrement adapté au calcul des représentations moyennes et des déformations entre surfaces (Thomson et Toga, 1996). Ces surfaces fournissent en effet une représentation dans laquelle chaque point d'une surface trouve son homologue dans une surface distincte.

Cette méthode de fusion comporte trois grandes étapes (figure 16) :

- pour chacun des modèles 3D, un rééchantillonnage des contours initiaux du référentiel (ici, l'enveloppe de la moelle épinière) permet d'en obtenir une représentation sous la forme d'une surface paramétrique ;

- chaque modèle 3D subit alors une translation et une rotation afin d'aligner les axes principaux de son référentiel sur un repère commun à l'ensemble des modèles, puis la moyenne des référentiels est calculée ;

- enfin, les déformations permettant de passer de chaque référentiel au référentiel moyen sont modélisées par des polynômes et propagées à toutes les structures de chaque modèle.

Construction des surfaces paramétriques (figure 16, étape 1)

Pour construire une surface paramétrique de l'enveloppe du référentiel de chaque modèle, il faut tout d'abord rééchantillonner les contours initiaux de manière à obtenir un nombre constant de sommets d'un contour à l'autre et de répartition uniforme. Puis, il faut apparier les sommets anatomiquement homologues d'un contour à l'autre en procédant à une permutation circulaire de leurs indices (par exemple à partir de coupes sériées de moelle épinière, le sommet d'indice 1 d'un contour (n) peut se situer près du sillon dorsal alors que sur la coupe suivante (n+1) le sommet d'indice 1 peut lui se situer près du sillon ventral).

Recalage 3D et moyennage (figure 16, étape 2)

La deuxième étape de cette méthode consiste à aligner et à moyenner les surfaces des référentiels individuels. L'alignement est obtenu par une méthode de recalage rigide (translation et rotation), la transformée des axes principaux. Cette méthode est utilisée aussi bien pour le recalage 2D (Hibbard et Hawkins, 1988) que pour le recalage 3D (Alpert et coll., 1990). Une translation des objets à recaler place leurs centres de gravité à l'origine du repère commun, puis une rotation amène en correspondance leurs axes principaux. La surface de référence moyenne est déterminée en recherchant la correspondance optimale entre les sommets des différentes surfaces puis en calculant la position moyenne des sommets homologues.

Propagations des transformations et fusion (figure 16, étape 3)

Dans cette dernière étape, l'ensemble des objets de chaque modèle individuel est placé dans le référentiel moyen. Pour chaque modèle, chacun de ses objets subit dans un premier temps la transformée des axes principaux, déterminée à partir de son objet de référence, c'est-à-dire une translation et une rotation globales. Puis les objets autres que les objets de référence subissent des déformations dont les composantes sont modélisées à l'aide de polynômes.

www.ingramcontent.com/pod-product-compliance
Lightning Source LLC
Chambersburg PA
CBHW021119210326
41598CB00017B/1508